中国地质调查成果 CGS 2023-016
海南省海洋地质资源与环境重点实验室成果
海南省地质调查院成果

海南岛生态环境地质

夏长健　薛桂澄　廖香俊　文　健　著

地质出版社
·北　京·

内容提要

本书是国内首次开展的区域性热带生态环境地质调查研究工作成果的系统总结，系统查明了海南岛的生态环境地质条件、土壤类型，阐述了土壤与母岩的关系，详细分析研究了热带植被的生态特征与地形地貌、气候关系；系统调查和分析研究了海南岛境内的鸡蛋、象牙、台农等品种的芒果种植状况，芒果质量与土壤的关系；利用系统分析方法，研究了重点城市及主要矿山环境地质条件及存在的主要环境地质问题；首次建立了先进的生态地质环境质量评价体系和评价技术方法，并对海南岛的生态地质环境质量进行分区评价；结合评价因子的现状及可能发生的变化趋势，预测分析了海南岛的生态地质环境发展趋势，从基础理论研究、政府主导、专业支持等方面提出了生态地质环境保护建议，并对一些突出的环境地质问题提出了较为具体的防治措施及防治建议。首次创造性提出热带地区生态地质环境评价体系、评价技术方法和数学模型。

该书可供从事区域地质、水文地质、工程地质、环境地质、热带高效农业调查研究的广大科技人员、高等院校师生，以及城乡规划设计等部门相关人员阅读参考。

图书在版编目（CIP）数据

海南岛生态环境地质 / 夏长健等著. —北京：地质出版社，2023. 10

ISBN 978-7-116-13839-1

Ⅰ. ①海… Ⅱ. ①夏… Ⅲ. ①海南岛-区域生态环境-环境地质学 Ⅳ. ①X141

中国国家版本馆 CIP 数据核字（2023）第 189713 号

HAINAN DAO SHENGTAI HUANJING DIZHI

责任编辑：关会梅　李　莉
责任校对：王　瑛
出版发行：地质出版社
社址邮编：北京市海淀区学院路 31 号，100083
电　　话：（010）66554528（邮购部）；（010）66554626（编辑室）
网　　址：https://www.gph.clmpg.com
传　　真：（010）66554661
印　　刷：海南博威印刷有限公司
开　　本：889mm×1194mm　1/16
印　　张：9
字　　数：270 千字
版　　次：2023 年 10 月北京第 1 版
印　　次：2023 年 10 月海口第 1 次印刷
审 图 号：琼 S（2023）280 号
定　　价：72.00 元
书　　号：ISBN 978-7-116-13839-1

前　　言

《海南岛生态环境地质》是中国地质调查局“海南岛生态环境地质综合研究”项目成果的集成。

“海南岛生态环境地质综合研究”是国土资源部2000年国土资源大调查项目，是在“海南省琼海县幅1∶25万生态环境地质调查”和“海南岛西南部生态环境地质调查”的基础上，经综合分析研究、成果汇总形成的综合研究成果。在充分收集和研究前人资料的基础上，综合生态学、地学、农业地质学、环境地质学等学科的理论与方法，运用遥感解译、卫星定位、地理信息系统、地球化学测量、土壤调查、生态环境地质调查、土壤测试等新技术、新方法以及多学科的综合利用，完成了海南岛生态环境地质调查及综合研究试点工作。

本书全面阐述了海南岛的地质环境条件，较深入地研究了与生态环境密切相关的土壤环境、水环境、热带植被生态环境和主要环境地质问题，并进行了生态地质环境质量评价与趋势分析；系统查明了海南岛范围内存在的主要生态环境地质问题，主要包括海岸侵蚀、港湾淤积、土地沙化、地下水污染、崩塌、滑坡、泥石流及矿山环境地质问题；分析研究了海岸变迁、热带雨林退化、红树林衰减、土地沙化、土壤侵蚀等生态地质环境的现状、动态变化及发展趋势，重点研究了海岸带、重点城市及主要矿山的环境地质条件及存在的主要环境地质问题；首次成功地运用了遥感技术，通过不同时期的卫片解译，查明了1990年以来海岸带、林地和热带雨林、红树林、土地沙化、水土流失等变化的范围和特点，并分析了原因；开展了海南岛主要热带水果——芒果的质量与土壤环境质量相互关系的调查研究，进行了芒果宜种性的土壤地质条件分析评价，提出了适宜种植芒果的土壤母岩类型；探索提出了热带地区生态地质环境质量评价体系和评价方法，采用先进的多要素和多因子综合评价方法，全面、客观地评价了海南岛生态地质环境质量，划分了不同的质量等级区，评价结果符合海南岛生态地质环境状况，并对生态地质环境质量发展趋势进行了分析，提出了生态地质环境恢复、治理与保护的建议，为海南省建设提供了重要的地质科学依据；本次为我国首次开展的区域性热带生态环境地质调查，创新性研究提出了热带地区生态环评价体系、评价方法和数学模型，系统总结了热带地区生态环境地质调查的内容、技术和方法，并利用该技术方法对海南岛的生态地质环境质量进行了系统评价，为海南省建设和生态地质环境保护提供基础资料、为我国今后开展类似地区调查工作提供指导和借鉴的基础上，预测分析了海南岛的生态地质环境质量的发展趋势，并从基础理论研究、政府主导、专业支持等方面提出了生态地质环境保护的建议，对一些突出的环境地质问题提出了较为具体的防治措施及防治建议。

在项目立项设计、野外调查、室内试验、资料综合分析整理和研究，以及本书编写过程中，曾先后得到了时任中国地质调查局水文地质环境地质部殷跃平主任、武选民主任、文冬光主任，水环处郝爱兵处长和张二勇博士、林良俊博士、吴登定博士等的关心指导，得到了原国土资源部水文地质环境地质研究所侯春堂研究员、原全国环境地质监测总站冯翠娥高级工程师等人的协助和指导，得到了国内众多地质专家如刘广润院士、哈承佑研究员、程伯禹教授级高级工程师、殷坤龙教授、沈照理教授等的帮助和指点，得到了时任宜昌地质矿产研究所李金发所长、彭轩明副所长、金维群教授级高级工程师和南京地质矿产研究所陈国栋所长、郭坤一副所长、冯小铭研究员、姜月华研究员等的关心和支持，得到了时任海南省地质调查院丁式江院长、吴国爱院长、傅杨荣总工程师和海南省地质综合勘察院徐忠胜副院长等院领导的倾力支持。此外，书中还引用了很多个人和单位的资料与成果，在此一并表示衷心的感谢！

由于项目实施时间较长，参加项目人员众多，因此，这里仅列出了本书的主要编写人员。前言由夏长健编写；第一章第一节由夏长健编写，第二节由文健编写；第二章第四节、第五节由夏长健编写，第一节、第二节、第三节由文健编写；第三章由廖香俊编写；第四章第一节由文健编写，第二节由夏长健、薛桂澄编写；第五章第一节由夏长健编写，第二节由廖香俊编写；第六章第一节由薛桂澄编写，第二节、第三节由夏长健编写，第四节由廖香俊、薛桂澄编写；第七章由夏长健、薛桂澄编写。插图由文健、夏长健清绘。

由于我们的水平有限，书中肯定存在很多的不足和谬误之处，敬请各位领导、专家和同行批评指正。

作　者

2022年10月于海口

目　　录

第一章　自然地理

海南岛陆域（含部分潮间带）地理坐标：东经108°37′~111°03′、北纬18°10′~20°10′，包括琼海县幅（E49C001002）、海口市幅（F49C004002）、七洲列岛幅（E49C001003）、陵水县幅（E49C002002）、乐东县幅（E49C002001）、东方县幅（E49C001001）等6个1：25万图幅，陆域总面积33920km^2。包括海口市、文昌市、琼海市、万宁市、陵水黎族自治县（简称陵水县）、三亚市、乐东黎族自治县（简称乐东县）、东方市、昌江黎族自治县（简称昌江县）、儋州市、临高县、澄迈县、定安县、屯昌县、白沙黎族自治县（简称白沙县）、琼中黎族苗族自治县（简称琼中县）、五指山市、保亭黎族苗族自治县（简称保亭县）等18个市（县）和洋浦经济开发区。

第一节　地形地貌

海南岛四周低平，中间高耸，呈穹隆山地形，以五指山（1867.1m）、鹦哥岭（1811.6m）为隆起核心，向外围逐级下降，由山地、丘陵、台地、平原构成环形层状地貌，梯级结构明显。海南岛山脉标高大多在500~800m，属丘陵性低山地形，标高超过1500m的山峰有五指山、鹦哥岭、俄鬃岭、猴猕岭、雅加大岭、吊罗山等，最高山峰为五指山，主峰标高1867.1m，其次为鹦哥岭，主峰标高1811.6m。

山地和丘陵是海南岛地貌的主要特征，占全岛总面积的38.7%。山地主要分布于岛中部偏南地区，山地中散布着丘陵性盆地。丘陵主要分布于海南岛中部、西北部、西南部等地区。在山地和丘陵周围，广泛分布着宽窄不一的台地和阶地，占全岛总面积的49.5%。环岛多为滨海平原，占全岛总面积的11.2%。海岸主要为火山玄武岩台地的海蚀堆积海岸、由溺谷演变而成的小港湾或堆积地貌海岸、沙堤围绕的海积阶地海岸。海岸生态以热带红树林海岸和珊瑚礁海岸为特点。

根据地貌成因和形态特征，把海南岛划分为6个大区、19个亚区（表1-1）。

表1-1　海南岛地貌分区说明表

成因形态分区		地貌代号		地貌特征
大区	亚区			
中部山地丘陵区	侵蚀构造中低山亚区	I	I_1	分布于海南岛中部地区，标高一般为500~1500m，山脉走向与区域构造线基本一致，山峰陡峻，基岩裸露，常形成悬崖峭壁，侵蚀切割强烈，水系发育，呈树枝状，山谷呈“V”字形
	构造剥蚀丘陵亚区		I_2	分布于海南岛东北部，标高一般为100~500m，山势平缓，坡度20°~30°，水系不发育，山顶多呈浑圆状、馒头状，山脉走向北东-南西向，次为东西向

续表

成因形态分区		地貌代号		地貌特征
大区	亚区			
西部构造溶蚀区	孤丘凹谷阔地亚区	Ⅱ	$Ⅱ_1$	分布于儋州八一地区，标高150~250m，个别山顶标高大于250m，地势平缓开阔，多为残丘。三亚大茅—红花地区标高100~300m，半埋藏，溶洞发育，以落笔洞著称，具孤峰绝壁地貌景观
	低山丘陵陡壁亚区		$Ⅱ_2$	零星分布于东方江边、昌江红卫等地，标高200~800m，低山丘陵陡壁，溶洞发育
山前剥蚀平原区	山前剥蚀波状平原亚区	Ⅲ	$Ⅲ_1$	分布于海南岛中南部低山、丘陵区前沿山脚至滨海平原地区，标高一般小于100m，地势低平，有残丘分布，坡度10°~15°，波状起伏，不连续分布于丘陵前缘
	山前剥蚀堆积波状平原亚区		$Ⅲ_2$	分布于海南岛低山前沿河流堆积区，标高15~80m，侵蚀切割比较强烈，陡坎坍塌明显，波状起伏
北部火山岩台地区	西北部低台亚区	Ⅳ	$Ⅳ_1$	分布儋州三都、峨蔓、洋浦、干冲、木棠地区，台地地形，标高最高208m，半裸露，火山口呈锥形，可分为三级台阶
	高山岭盾状亚区		$Ⅳ_2$	分布于临高东英、波莲、新安等地，台地地形，火山口标高最高190.7m，火山锥呈盾状，可分为三级台阶
	大王岭低台亚区		$Ⅳ_3$	分布于临高新盈、多文及澄迈福山、桥头、美亭等地，台地地形，火山口标高为全区最高，244m，分为四级台地，一、二级台面平坦，三、四级台面较陡
	永兴火山群亚区		$Ⅳ_4$	分布于永兴、石山等地，火山群呈漏斗状，火山口标高220.9m，正火山口以马鞍山、负火山口以罗经盘最典型，三、四级台面较陡，一、二级台面平坦宽广
	东南部低台亚区		$Ⅳ_5$	呈南北向分布于黄竹、大路、土桥、云龙、演丰等地，火山锥最高标高210m，可分为四级台阶，三、四级台面较陡，一、二级台面平坦宽广
	金鸡岭高丘亚区		$Ⅳ_6$	分布于定安南、新吴、九所地区，火山锥陡峻，仅分为二、三级台阶，火山口标高203m，北坡平缓，南坡陡
	东南部高台亚区		$Ⅳ_7$	分布于定安岭口、龙塘地区，台地地形，标高最高235m，仅分为二、三、四级台阶，火山口呈孤丘状
河流侵蚀堆积区	河流一级阶地亚区	Ⅴ	$Ⅴ_1$	分布于南渡江、昌化江、万泉河等河流中下游两岸平原区，标高2~50m；冲洪积一级阶地位于山间盆地，标高约60m
	河流二级阶地亚区		$Ⅴ_2$	分布于昌化江下游、南渡江中游和临高盆地，标高10~80m，呈长条状和不规则状
滨海堆积平原区	风成沙丘亚区	Ⅵ	$Ⅵ_1$	分布形态为沙丘状，迎风面缓，背风面陡，标高因地而异，在东北及西北海岸，标高分别为20~100m、50~120m
	河口三角洲亚区		$Ⅵ_2$	分布于南渡江、昌化江、万泉河，呈三角形或等腰三角形堆积，标高2~6m，微向海倾斜

续表

成因形态分区			地貌代号		地貌特征
大区	亚区				
滨海堆积平原区	海湾堆积亚区	一级阶地	Ⅵ	Ⅵ$_3$	表面平坦，标高一般 2~7m，微向海倾斜，构成岛内海岸最低的微斜平原
		二级阶地			表面平坦，标高一般 10~30m，多分布于沙堤内侧，呈口袋状、长条状
	海成阶地沙堤亚区	海漫滩		Ⅵ$_4$	分布于沿海各地，有泥沙滩、红树林滩和岩滩，岩滩海蚀洞穴、海蚀柱、海蚀崖较发育，标高小于 2m
		一级阶地沙堤			阶地标高 2~7m，沙堤标高 5~40m，多呈条带状分布于沿海各地，多平行于海岸
		二级阶地沙堤			分布于沿海各地，阶地标高 5~25m，沙堤标高 5~16m，多平行于海岸线
		三级阶地沙堤			阶地主要分布于海口秀英等地，标高 10~50m，沙堤分布于乐东黄流，标高 10~36m
		四级阶地沙堤			阶地主要分布于海口秀英等地，标高 25~60m，沙堤分布于乐东黄流，标高 25~36m

第二节　气象水文

海南岛地处热带，为热带季风气候，夏秋炎热多雨，冬春温暖干旱，偶有阵寒。全岛多年平均气温 24.1℃，南部三亚市最高 25.8℃，中部琼中县、五指山市最低 22.7℃，北部海口市 24.0℃，东部琼海市 24.2℃，西部东方市 24.9℃；四季温差变化不大，气温最低为 1 月，极端最低气温 -1.5℃，出现于五指山市、琼中等中部山区；气温最高为 7 月，极端最高气温 39.1℃，出现于三亚市、东方市及昌江石碌等西部、南部地区；昼夜温差也较小，一般小于 10℃，最大温差 20℃。海南岛降水充沛，多年平均降水量为 1759.8 mm，中部琼中县降水量最大，为 2389mm，西部乐东县降水量最小，为 957mm，北部海口市降水量为 1676.8mm，东部万宁市降水量为 2077.6mm，南部三亚市降水量为 1317.9mm；一般 5—10 月为雨季，占全年降水量的 80%~90%。11 月至次年 4 月为旱季，降水量占全年降水量的 10%~20%。海南岛市（县）多年平均降水量 957~2389mm，中部琼中县多年平均降水量最大，为 2389mm，西部东方市多年平均降水量最小，为 956.6mm。年蒸发量变化较大，最大为西部东方市，为 2506.4mm，是降水量的 2.6 倍；最小为中部白沙县，为 1593.6mm，是降水量的 85%；北部海口市为 1825.9mm，与降水量基本持平。海南岛西南部蒸发量大于降水量，中部蒸发量小于降水量，北部、东部蒸发量与降水量基本持平。

海南岛中部高、四周低的地势构成放射状的海岛水系。全岛独流入海的大小河流 154 条，其中，集水面积大于 100km^2 的有 39 条，占全岛总面积的 84.4%，集水面积小于 100km^2 的河流 115 条，只占全岛总面积的 15.6%。主要河流有南渡江、昌化江、万泉河等。

第二章　地 质 环 境

第一节　地 质 构 造

一、构造单元划分

海南岛大地构造单元以东西向九所－陵水深大断裂带为界，断裂带以南的三亚及南海在内的广大地区属于南海地台，断裂带以北属于华南褶皱系。在南海地台北缘海南岛陆上部分的三亚称为三亚台缘坳陷带。在华南褶皱系海南岛的主体部分，九所－陵水深大断裂带至王五－文教断裂带划分为五指山褶皱带，王五－文教断裂带以北至遂溪断裂带的琼州海峡及其两岸琼北和雷州半岛在内的地区划分为雷琼断陷（图 2-1）。

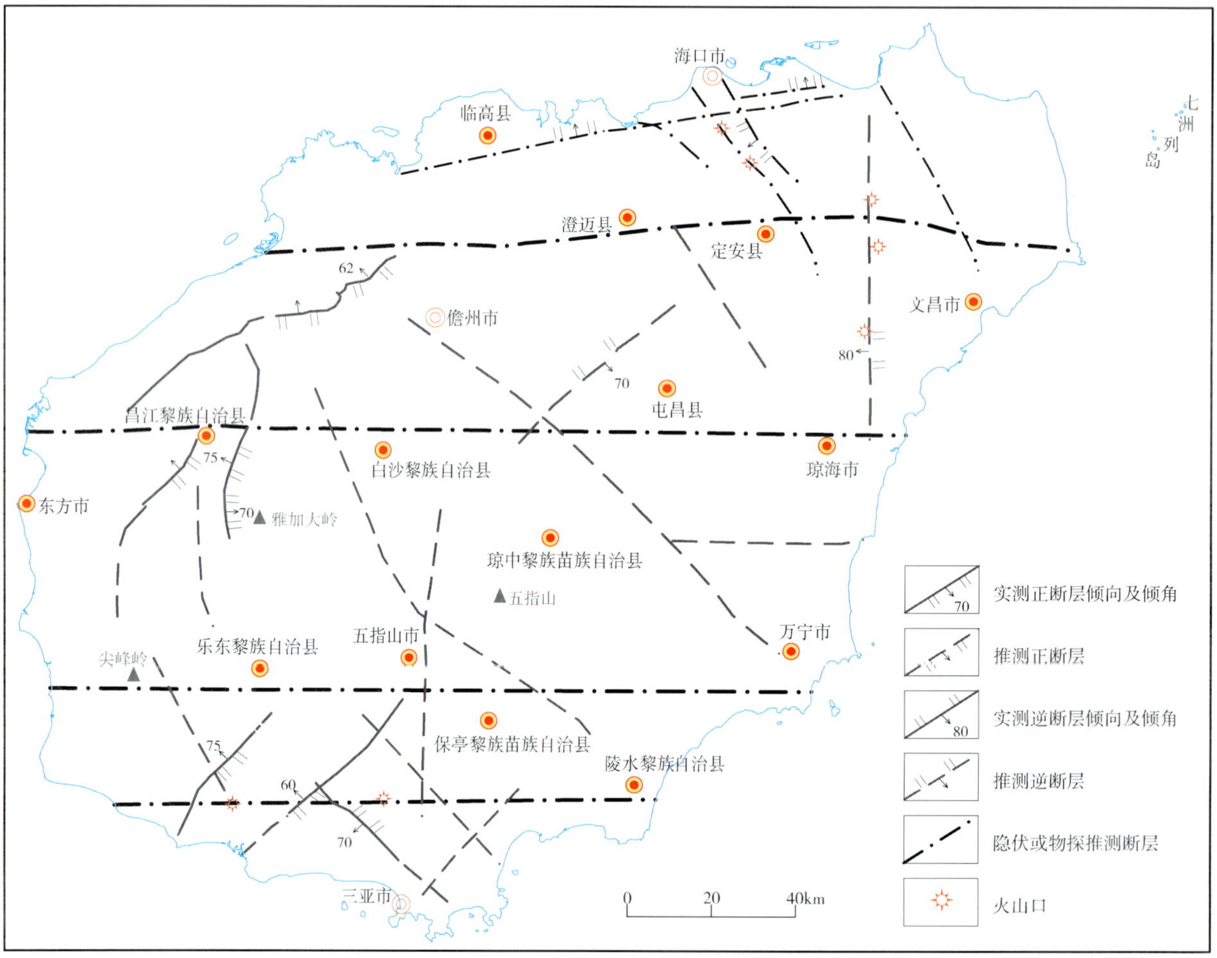

图 2-1　海南岛构造纲要图

二、断裂构造

海南岛在地质历史发展过程中，经历了中岳、晋宁、加里东、华力西、印支、燕山和喜马拉雅等构造运动，形成了东西向构造带、北东向构造带、北西向构造带、南北向构造带等主要构造体系，构成了本岛的主要构造格局，控制着本岛沉积建造、岩浆活动、成矿作用以及挽近时期山川地势的展布。

（一）东西向构造

海南岛东西向构造，从北往南有王五–文教构造带、昌江–琼海构造带、尖峰–吊罗构造带、九所–陵水构造带。

（1）王五–文教构造带（F_1）

该构造带展布于北纬19°45′左右，横跨儋州、澄迈、定安、文昌等地，陆地延伸210km，由一系列走向东西的断裂带组成。航磁、重力异常图显示明显，卫片上表现为一清晰的东西向亮带，是琼北断陷带和琼中隆起带的分界线，控制着新生代盆地的形成和盆地的沉积以及琼北火山喷溢和喷发活动。沿构造带分布着华力西期、燕山期岩体，岩石发育由磨圆状构造角砾岩、糜棱岩、糜棱岩化岩石组成的挤压破碎带，断面倾向南，倾角60°～70°。该构造带是华力西期生成的具有多期（次）活动的压性或压扭性构造带。

（2）昌江–琼海构造带（F_2）

该构造带位于北纬19°05′～19°25′，区域上横贯东方、昌江、白沙、琼中、屯昌和琼海等市（县）。断续延长在200km以上。航磁异常图显示明显，航、卫片中影像清晰。该构造带由多条断裂带组成。沿构造带分布有华力西期—印支期、燕山期花岗岩和白垩纪红盆，在这些地质体中常发育挤压破碎带、硅化带和脉带，显示压性构造带特征。

（3）尖峰–吊罗构造带（F_3）

该构造带位于北纬18°40′～18°52′，区域上横贯乐东、五指山、保亭、陵水和万宁等市（县），长约190km。主要由感城–万宁断裂带和尖峰–吊罗断裂带等一系列东西向断裂带组成。该构造带分布有印支期和燕山期一系列花岗岩体，组成东西向花岗岩穹隆构造带，在构造带的展布范围内各种压性和压扭性构造十分发育，显示出压性或压扭性特征。航磁和重力异常上有明显反映，航磁异常上表现为东西向带状异常，重力异常上表现为重力低值带。

（4）九所–陵水构造带（F_4）

该构造带位于北纬18°15′～18°30′，横贯乐东、三亚和陵水等市（县），长100km，由九所–陵水断裂带、崖城–藤桥断裂带等组成。沿构造带分布有燕山期一系列花岗岩体和同安岭、牛腊岭等火山岩，形成一条东西向花岗岩穹隆构造和火山岩带。该构造带是南、北两个不同构造–岩石区的分界。在该构造带展布区，东西向的挤压破碎带十分发育，显示了压性断裂带的特征。根据现有资料分析，该构造带可能形成于燕山期，至喜马拉雅期活动仍然强烈，沿该构造带地震时有发生，热矿泉遍布，海蚀地貌发育。

（二）北东向构造

海南岛北东向褶皱和断裂构造十分发育，按其展布方位，可分为北东组和北北东组构造带。

1. 北东组构造带

该组构造带主要分布于保亭南好、三亚、万宁东岭、儋州、澄迈、白沙军营及东方戈枕一带，由古生代地层组成的褶皱带和形成的断裂带构成。

（1）南好褶皱构造带（F_5）

该褶皱构造带分布于保亭黎族苗族自治县南好到三亚雅亮一带，全长约30km，宽约10km。由轴向北东的大致平行的复式倒转背斜及倒转向斜和北东向断层组成。褶皱带由志留系空列村组、大干村组、靠亲山组、足赛岭组和下石炭统南好组构成。

（2）三亚褶皱构造带（F_6）

该褶皱构造带分布于三亚市区到南田农场一带，全长约 30km，宽约 10km。由三道-晴坡岭-荔枝沟复式向斜及其次一级褶皱构造组成。复向斜核部为上奥陶统干沟村组，两翼地层为中奥陶统尖岭组、榆红组、沙塘组，下奥陶统牙花组、大葵组，中寒武统大茅组与下寒武统孟月岭组等组成。

（3）东岭褶皱构造带（F_7）

该褶皱构造带分布于万宁龙滚、东岭、三更罗一带。由加晓岭复背斜及其两翼次级褶皱组成。北东端和东南翼被第四系掩盖并沉没入大海，西南端被印支期和燕山期花岗岩吞没，西北部为下白垩统鹿母湾组不整合覆盖。

（4）南坤园褶皱带（F_8）

区域上分布于澄迈、儋州、白沙等市（县）境内，总体方向北东，系由古生代地层组成的复式褶皱带。该褶皱构造带卷入了石炭系并为下白垩统鹿母湾组不整合覆盖。

（5）红岭-军营断褶带（F_9）

该断褶带西南起自昌江乌烈，往东北延伸经白沙大岭农场至儋州红岭农场一带。主要由红岭-军营褶皱带和军营-乌烈断裂组成。

（6）戈枕断裂韧性剪切带（F_{10}）

该韧性剪切带东北起于土外山，往西南经戈枕岭、二甲红甫门岭、观音崩岭至尧文一带，长约 50km，总体走向 45°~55°。它发育于抱板群与南碧沟组和陀烈组的接触带上，断裂带倾向以北西为主，抱板群逆冲于南碧沟组和陀烈组及空列村组之上，显示压性逆断层特征。该韧性剪切带是海南岛主要金矿成矿带。

2. 北北东组构造带

该组构造带主要分布于海南岛中部和北部，中部称为白沙坳陷构造带，北部为光村-铺前断裂和新村-林乌断裂。

（1）白沙坳陷构造带

该坳陷构造带区域上北起澄迈，往西南经儋州、琼中、白沙至乐东一带，总体方向为北东 25°~30°，长在 180km 以上，宽 20~30km。由白沙坳陷带东、西两侧的断裂带及夹于其中的白垩纪白沙盆地、南门营盆地组成。西侧的新开田-抱界断裂带（北段为新开田-大炎新村断裂，南段为抱界断裂和坝毫山-铁弯岭断裂）是白沙坳陷带与抱板隆起区的分界；东侧乐东-黎母山-文儒断裂带（北段为黎母山-文儒断裂、中段为黎母山-什运断裂、南段为连环岭-马形岭断裂）是白沙坳陷带与五指山隆起区的分界。沿这些断裂带断续可见几十米宽的挤压破碎带，形成硅化角砾岩、糜棱岩，并被燕山晚期岩脉或石英脉和萤石石英脉充填。

（2）光村-铺前断裂（F_{21}）

该断裂隐伏分布于琼北断陷盆地北部的光村至铺前一带，长约 100km，走向大致为 80°，断裂倾向北北西，倾角近 80°，深部断距数百米，浅部断距为几十米至 100 多米不等。该断裂错动了第三系（古近系—新近系）及其以前的深部地层或岩石，而上部第四系的塑性地层或松散沉积物受到影响，表现为挠曲构造。在老城南西侧公路旁的上更新统道堂组第二段的凝灰岩中见有小断层和挠曲构造。

（3）新村-林乌断裂（F_{22}）

该断裂隐伏分布于测区东北部，西起秀英南侧的新村，经府城北侧，至东部的林乌村一带，长约 21.5km，走向大致 80°，倾向北北西。断裂控制了秀英南侧新村至坡博村一带的上新世火山岩的喷发和分布。

（三）北西向构造

北西向构造主要有白沙–陵水断裂带、乐东–田独断裂带、尖峰岭–石门山断裂带、儋州–万宁断裂带、龙波–翰林断裂带、东寨港–清澜断裂带和石山断裂带。

（1）白沙–陵水断裂带（F_{11}）

该断裂带北西起儋州富洋，向东南经白沙、什运一直延伸至陵水一带，总体走向北西315°~325°。断裂带的北西段，在八一农场推顶岭一带以破碎带和角砾岩带出现，宽达数百米，在断层角砾岩带上，还叠加发育硅化脉和石英脉；断裂带的东南段，白沙、什运至陵水一带，断续分布有破碎带和角砾岩带，被燕山晚期花岗斑岩脉和石英脉充填，沿断裂带还有什运、保亭新村、陵水南平等温泉的分布，显示了该断裂带的存在和晚期的活动性。

（2）乐东–田独断裂带（F_{12}）

该断裂带北西起东方江边马眉，往南东经乐东、志仲一直延伸至三亚田独，总体走向北西320°~330°，由一系列北西向断裂带组成。该断裂带在航片上反应十分清晰。其西北段的乐东至江边马眉一带，基本上沿着北西向昌化江流域分布；其东南段由乐东经志仲至三亚田独，沿此段断裂带上的高峰断裂带断续见到破碎带、断层角砾岩带和挤压破碎带及温泉。

（3）尖峰岭–石门山断裂带（F_{13}）

该断裂带分布于尖峰岭岩体至乐东石门山一带，断裂总体走向北西330°~350°。沿断裂带脉岩和破碎带广泛发育，构成脉岩–破碎带。在乐东石门山地段，破碎带中的花岗斑岩脉、中性岩脉、石英脉和硅化脉成群成带出现，大致平行延伸，在查明的脉带（破碎带）中，分布有辉钼矿、铅锌和铅银矿床，还有金和稀土金属矿化，系控制该区铅、锌多金属矿床的主要断裂带。

（4）儋州–万宁断裂带（F_{14}）

该断裂带西北起自儋州那大以西，往南东经蓝洋、黎母山、乌石一直延伸至万宁兴隆一带，断裂带总体走向呈北西320°~340°。该断裂带西北段，在蓝洋一带称为冰岭断裂带，发生在晚古生代地层中，表现为破碎角砾岩带、石英脉带、花岗斑岩脉带和温泉发育为特征。在断裂带的东南段乌石至万宁兴隆一带，破碎角砾岩沿断裂带断续出现，在兴隆一段最为发育，角砾岩为硅质胶结，沿北西向断裂带出露有水温高达60℃的温泉断续延伸数千米。

（5）龙波–翰林断裂带（F_{15}）

该断裂带西北起自临高龙波，往南东经南蛇岭、翰林至中瑞一带。总体走向北西320°，长在70km以上，宽5~10km。沿该断裂带断续可见发育的破碎带和石英脉带。在断裂带发育石英脉带的地段，有金银和铅锌矿化，也是一条控制多金属矿化的断裂带。

（6）东寨港–清澜断裂带（F_{16}）

该断裂带西北起自海口东寨港，往南东经潭牛直达文昌清澜港。该断裂带在航空及卫星照片线性清晰，控制着断裂带西南侧新生代琼北自流水盆地的玄武岩边界，因此其形成应在喜马拉雅期。

（7）石山断裂带（F_{20}）

该断裂带北起澄迈荣山，向东南经琼山石山、巡崖至长昌一带，长约50km。沿断裂带有马鞍岭、雷虎岭、群香岭、永茂岭等一系列火山口分布，控制着新生代多期火山喷发，具多次活动的特点。

（四）南北向构造

海南岛南北向构造形迹，根据其分布特点，可划分为琼东南北向构造带、琼中南北向构造带、琼西南北向构造带等。

（1）琼东南北向构造带（F_{17}）

该构造带位于东经110°00′~110°45′，纵贯文昌、海口、澄迈、定安、屯昌、琼海、万宁等市

（县），南北延长约 120km，东西宽约 60km。由琼东南北隆起构造带及同方向文昌–迈号、铺前–长坡、蓬莱–烟塘、长昌–黄竹、琼山–仙沟、雷鸣、瑞溪–白莲和山口–南坤等一系列近于平行的南北向断裂带组成。

（2）琼中南北向构造带（F_{18}）

该构造带位于东经 109°25′~109°35′，纵贯琼中、五指山、保亭、三亚等市（县）。主要以断裂破碎带、南北向岩体、岩脉群、石英脉带形式出现。主要有什运断裂带、番阳–高峰断裂带、毛阳–荔枝沟断裂带。

（3）琼西南北向构造带（F_{19}）

该构造带位于东经 108°55′~109°10′，纵贯昌江、东方、乐东等市（县）、主要由金波断裂带和燕窝岭断裂带组成。分布于成矿区内的主要为燕窝岭断裂带，该断裂带北起芸红岭，经燕窝岭至江边一带，全长约 40km。沿断裂带岩石破碎，在芸红岭和燕窝岭一带充填有铜铅锌等多金属矿化石英脉，并见有几千米长强烈硅化蚀变的断层角砾岩带，江边一带见一系列南北向断层破碎带，并切过晚古生代地层。

（五）断裂活动

海南岛发生过多次构造运动，经历了漫长的地质构造发育历史，形成了大量的断裂构造。新构造运动表现最为强烈的琼北地区，主要发育有近东西向、北西向和北东向 3 组断裂，活动断裂主要分为两类：一类为规模大、切割深、时代早且具继承复活的近东西向断裂，它们控制了雷琼断陷的主要构造格架即隆起与凹陷的展布，如王五–文教构造带；另一类是规模较小、切割浅、时代新但对地貌、水系、海湾和火山活动等有控制作用的北西向、北东向断裂，如铺前–清澜断裂及潭斧断陷构造带中的定安–龙塘断裂。以上所述 3 组断裂特点是以正断层特征为主，兼有走滑。它们在新生代复活和生成的原因可能为地幔上隆、玄武岩岩浆上涌所引起的地壳局部拉张，同时还受到区域侧向压应力的叠加等。

三、火山活动

海南岛中生代以来火山活动较为强烈，在琼北地区形成了许多火山岩台地和古火山口。新生代以来，琼北地区发生了频繁的火山活动，自始新世至全新世存在多期火山喷溢，火山活动与断裂活动密切相关，早期多发生于东西向与南北向深断裂交会部位。中新世晚期及上新世分别沿南北向和北东向、北西向断裂发生裂隙式喷发，中更新世火山活动规模最大，喷发方式也由裂隙式逐渐转为中心式群体喷发，岩浆碱度增大，随后喷发规模逐渐减小，至早全新世后完全停息。

四、地震活动

据不完全统计，自 1466 年有历史地震记载至 2000 年岛上及邻近海域发生 3 级以上地震近 200 多次，其中 5 级以上（含 5 级）有 20 次，最大震级 7.5 级。在最近 30 年（1970—2000 年）中，4 级以上的地震多达 25 次，其中 1994 年 12 月 31 日和 1995 年 1 月 10 日还发生了 6.2 级地震。1999 年 5 月 18 日万宁东澳近海发生 5.2 级地震。地震发生在空间分布上明显受活动性断裂的控制。据控震孕震构造与地震分布特点，全岛可划分为两个地震构造带。①琼北地震构造带：主要分布于王五–文教断裂以北，主要断裂有王五–文教断裂、光村–铺前断裂、东寨港–清澜断裂、石山–长昌断裂、琼山–仙沟断裂、铺前–长坡断裂等，所发生的 5 级以上地震有 70%以上分布于这一地震构造带。1605 年发生的 7.5 级琼州大地震就位于光村–铺前断裂与东寨港–清澜断裂交会的塔市地区。据分析，地震震中主要集中在东西向断裂与北东向断裂或北西向断裂的交会部位，其中以洋浦港、临城、石山、桂林洋等地最为突出。②琼南地震构造带：包括感城至万宁一线以南及该地震构造带东南沿海近海域，主要断裂带有东西向的九所-陵水断裂带、尖峰-吊罗断裂带、感城-万宁断裂带；北东向的宁远河断裂带、保家山断裂带、龙滚-三亚断裂带；北西向的感城-黄流断裂带、乐东-田独断裂带等，已发生的有感地震几乎都集中在这些断裂带上。陆上发生的地震次数较少，最大震级不超过4.5级；所发生的4级以上地震大多集中在东西向断裂与北西向断裂的交会部位，如感城-尖峰、雅亮-育才、万城-兴隆3个地区。东部近海海域小震频繁，曾发生过最大5.6级的地震。此外，处于两个地震构造带之间的尖峰-吊罗断裂带以北至王五-文教断裂带以南地区为两个地震构造带的过渡带，该区及附近海域近年来也小震不断，也是较为脆弱的地区。4级以上地震主要分布于琼山-仙沟断裂带和铺前-长坡断裂带分布的琼海加嘉和潭门港两个地区。

第二节　地　　层

海南岛地层发育较齐全，自中元古界长城系至新生界第四系，除缺失蓟县系、泥盆系及侏罗系外，其他地层均有分布。

海南岛综合地层分区为九所-陵水断裂以北属华南地层大区的东南地层区，其中九所-陵水断裂与王五-文教断裂之间为五指山地层分区，王五-文教断裂以北为雷琼地层分区的海口地层小区。九所-陵水断裂以南为南海地层大区，其中海南省的陆地部分为三亚地层区。各地层分区及其岩石地层单位见表2-1，现由老至新简述如下：

一、中元古界

中元古界仅见长城系抱板群出露，为区内最古老的地层，主要分布于五指山地层分区的东方抱板和大蟹岭、乐东冲卒岭、定安黄竹岭、琼海烟塘、琼中长征一带。自下而上分为戈枕村组和峨文岭组。戈枕村组：以黑云斜长片麻岩或混合质黑云斜长片麻岩为主，下部为混合花岗闪长岩及黑云斜长混合片麻岩，与上覆峨文岭组整合接触；峨文岭组：以云母石英片岩、石英云母片岩为主，夹数层长石石英岩及石墨矿层，与上覆青白口系石碌群或奥陶系南碧沟组呈断层接触。

二、新元古界

新元古界出露于五指山地层分区的昌江石碌一带，分别为青白口系石碌群及震旦系石灰顶组。前者岩性主要为绢云母石英片岩夹结晶灰岩及石英岩、白云岩、透辉透闪岩夹富赤铁矿层，顶部以白云岩或透辉透闪岩与上覆石灰顶组呈不整合接触。后者以石英砂岩、石英岩为主，夹泥岩、硅质岩、赤铁矿粉砂岩。

三、下古生界

下古生界在三亚地层区出露寒武系孟月岭组、大茅组，奥陶系大葵组、牙花组、沙塘组、榆红组、尖岭组及干沟村组。在五指山地层分区出露寒武系美子林组、奥陶系南碧沟组和志留系陀烈组、空列村组、大干村组、靠亲山组及足赛岭组。

表 2-1 海南岛地层分区及岩石地层单位序列表

界	系	统	南海地层大区	华南地层大区	
			三亚地层区	东南地层区	
				五指山地层分区	雷琼地层分区
					海口地层小区
新生界	第四系	全新统	烟墩组		
		全新统	琼山组		
		全新统	万宁组		石山组
		更新统 上	八所组		道堂组
		更新统 中	北海组		
		更新统 下	秀英组		
	新近系	上新统	望楼港组	石门沟村组	海口组
		中新统 上	佛罗组	石马村组	灯楼角组
		中新统 中			长坡组 / 角尾组
		中新统 下			长坡组 / 下洋组
	古近系	渐新统			涠洲组
		始新统		瓦窑组	流沙港组
		始新统		长昌组	
		古新统		昌头组	长流组
中生界	白垩系	上白垩统		报万组	
		下白垩统	鹿母湾组	岭壳村组	鹿母湾组
		下白垩统		汤他大岭组	
		下白垩统		六罗村组	
	三叠系	下三叠统		岭文组	
上古生界	二叠系	上二叠统		南龙组	
		下二叠统		鹅顶组	
		下二叠统		峨查组	
	石炭系	上石炭统		青天峡组	
		下石炭统		南好组	
下古生界	志留系	上志留统		足赛岭组	未建组
		中志留统		靠亲山组	
		中志留统		大干村组	
		下志留统		空列村组	
		下志留统		陀烈组	
	奥陶系	上奥陶统	干沟村组	南碧沟组	
		中奥陶统	尖岭组		
		中奥陶统	榆红组		
		中奥陶统/下奥陶统	沙塘组		
		下奥陶统	牙花组		
		下奥陶统	大葵组		
	寒武系	上寒武统		美子林组	
		中寒武统	大茅组		
		下寒武统	孟月岭组		
新元古界	震旦系			石灰顶组	
	青白口系			石碌群	
中元古界	蓟县系				
	长城系		抱板群: ? / 戈枕村组	抱板群: 鹅文岭组 / 戈枕村组	

（一）寒武系

孟月岭组为浅海相砂质岩、碳酸盐岩沉积。大茅组为浅海砂泥质岩、碳酸盐岩夹硅质岩及磷锰矿沉积。美子林组为变质石英砂岩、长石石英片岩、二云石英片岩、结晶灰岩。

（二）奥陶系

大葵组下部为不等粒石英砂岩，中、上部为厚层灰岩。牙花组下部为厚层细粒石英砂岩夹页岩或互层；中部为厚层状碳质灰岩夹白云质灰岩、粉砂岩及页岩；上部为钙质碳质页岩夹厚层状结晶灰岩。沙塘组下段为钙质砾灰岩、厚层状灰岩夹细砂岩；上段为黑色碳质页岩、灰色页岩及粉砂质页岩。榆红组由复成分砾岩与中粗粒岩石英砂岩互层组成，局部夹页岩。尖岭组底部为复岩屑砾岩，其上为细粒岩屑砂岩夹黏土岩，或呈不等厚互层；中上部为粉砂质黏土岩夹粉砂岩；顶部为岩屑粉砂岩。干沟村组主要由细粒岩屑杂砂岩夹粉砂岩组成，底部含细砾岩屑砂岩与下伏尖岭组分界。南碧沟组以云母石英片岩、千枚岩、绢云母板岩为主，夹变质粉细砂岩、碳质板岩；中上部夹基性火山熔岩及基性火山碎屑岩。

（三）志留系

志留系仅在五指山地层分区发育，主要分布于东方公爱至猴猕岭及保亭南好等地。陀烈组下段为变质石英细砂岩、绢云母板岩夹灰岩透镜体、绢云母千枚岩；中段以碳质绢云母板岩为主夹变质粉砂岩及含碳质千板岩；上段为千枚岩、绢云母板岩夹变质粉砂岩条带。空列村组底部为石英岩，往上为绢云母板岩与变质绢云母石英粉细砂岩互层，夹结晶灰岩。大干村组由变质复成分砾岩、板岩、结晶灰岩组成，灰岩中产珊瑚、海绵化石。靠亲山组为千枚岩或含碳千枚岩与绢云母石英粉细砂岩互层；顶部为结晶灰岩。足赛岭组为含碳千枚岩、千枚岩夹结晶灰岩。

四、上古生界

上古生界仅分布于五指山地层分区，缺失泥盆系，出露石炭系、二叠系。

石炭系是五指山地层分区分布最广的地层之一，主要分布于东方、昌江、保亭、儋州等市（县），包括下石炭统南好组及上石炭统青天峡组。南好组为石英砂岩、砂岩与板岩、粉砂质板岩不等厚互层，底部为砾岩或含砾不等粒石英砂岩。青天峡组为板岩、砂质板岩与石英砂岩不等厚互层，底部为细砂岩夹板岩、条带状结晶灰岩。

二叠系主要分布于东方、昌江及白沙，可进一步划分为下二叠统峨查组、鹅顶组，下二叠统至上二叠统南龙组。峨查组为石英砂岩与板岩、砂质板岩不等厚互层，底部为生物屑微晶灰岩夹硅质岩。鹅顶组为生物粉晶灰岩、生物屑灰岩夹含燧石纹层灰岩。南龙组上部为泥质岩与中粒长石石英砂岩互层夹少量杂砂岩；下部为细砂岩、粉砂岩与泥岩互层，夹较厚的杂砂岩。

五、中生界

中生界仅出露三叠系及白垩系，缺失侏罗系沉积地层。

三叠系仅出露下三叠统岭文组，仅在五指山地层分区的定安岭文和琼海九曲江一带出露。岭文组下部为砾岩、含砾细砂岩；上部为泥岩、泥质粉砂岩。

白垩系为海南岛广泛分布的地层之一，特别是下白垩统分布最广。下白垩统主要分布于白沙-乐东、儋州王五、三亚、琼海阳江（东平）等盆地，上白垩统分布于白沙-乐东盆地，岩石地层单位有六罗村组、汤他大岭组、岭壳村组、鹿母湾组及报万组。六罗村组主要为流纹质火山岩，下部夹少量玄武岩和安山岩，局部地段底部为含火山角砾的紫红色砾岩。汤他大岭组以英安质火山岩为主，中部和下部夹少量安山质流纹质火山岩。岭壳村组以流纹质熔岩及流纹质火山碎屑岩为主，夹数层英安岩。鹿母湾组下部以紫、紫红、紫灰色砂砾岩、含砾长石石英砂岩为主，夹泥质、铁质粉砂岩和泥岩；上部为紫色间灰绿色长石石英细、粉砂岩夹钙泥质粉砂岩、粉砂质泥岩，常夹安山-英安质火山岩。报万组主要为长石砂岩，中下部夹少量粉砂岩、钙质泥岩，中部夹少量砾岩。

六、新生界

第三系（古近系、新近系）主要分布于海口地层小区，五指山地层分区则见于琼东北的长昌盆地及琼西南的沿海地区，三亚地层区则分布于南部沿海。

海口地层小区由于受雷琼断陷盆地控制，第三系（古近系、新近系）发育齐全，且厚度巨大，隐伏分布于琼北广大地区，共有 8 个岩石地层单位，有下洋组、角尾组、灯楼角组、海口组。此外，海口地层小区的西南部有小面积的陆相煤系地层，为中新统长坡组。

五指山地层分区及三亚地层区共有 7 个岩石地层单位。其中老第三系（古近系）有昌头组、长昌组、瓦窑组，分布于琼东北的长昌盆地、琼西南白沙-乐东盆地的西南部局部地区，为陆相碎屑岩、油质页岩、褐煤沉积。新第三系（新近系）分布于海南岛西南沿海地区，岩石地层单位有佛罗组及望楼港组，呈隐伏分布，属海相碎屑岩沉积。琼东北的蓬莱发育基性火山岩地层，岩石地层单位有石马村组及石门沟村组。

第四系较发育，有 8 个岩石地层单位呈带状环岛分布，主要受新生代晚期的新构造格局控制。岩石地层单位有更新统秀英组、北海组、八所组、道堂组及全新统石山组、万宁组、琼山组和烟墩组，岩性主要为砂质、泥质、黏土质岩类及基性火山岩。秀英组主要分布于沿海地区，其平行不整合于第三系（古近系、新近系）海口组之上，被北海组平行不整合覆盖；北海组与上覆八所组呈平行不整合接触，地貌上在沿海一带构成三级阶地；八所组平行不整合于秀英组之上，地貌上表现为海成二级阶地；万宁组主要见于沿海一带的钻孔中，其整合于八所组之上，被上覆琼山组整合覆盖，厚度大于 11m；琼山组与上覆烟墩组呈整合接触，隐伏于沿海一带；烟墩组主要分布沿海一带，地貌上构成滨海沙堤或河漫滩；道堂组及石山组为第四纪火山岩地层，广布于琼北地区，前者喷发不整合于北海组之上，被上覆石山组不整合覆盖。道堂组、石山组在地貌上表现为大面积的玄武岩被及众多的火山锥。

第三节　岩　浆　岩

一、侵入岩

海南岛侵入岩出露面积约 12420km^2，占全岛国土面积的 36.62%。岩石类型以中酸性的花岗岩类为主，少量为基性、超基性的辉长岩、闪长岩、石英闪长岩类。侵入岩形成时期大多为华力西期—印支期，次为燕山期，少许形成于中元古代。

（一）华力西期—印支期侵入岩

该期侵入岩主要分布于五指山隆起区，岩石类型主要有二长花岗岩、花岗闪长岩、钾长花岗岩，个别岩体中有石英正长岩、石英二长岩、石英闪长岩、碱长花岗岩等。主要包括铜鼓岭岩体、翁田抱虎山岩体、大致坡岩体、琼海烟塘岩体及琼中和儋州岩基等，上述岩体及岩基除烟塘岩体外，均具明显的定向组构，可见含闪长质淬冷包体，推测其为壳幔岩浆混合作用的产物，形成于挤压应力作用下的构造环境。而烟塘岩体内部岩性变化较大，以中粒斑状黑云母二长花岗岩为主，局部为中粒、中细粒黑云母二长花岗岩，局部可见有黑云母条带、变质岩捕虏体等，推测为地壳深熔作用形成的半原地花岗岩。

（二）燕山期侵入岩

该期侵入岩主要分布于屯昌南坤、琼海长坡、五指山什运、乐东千家、琼中番阳等地。该时期侵入岩主要由保城岩体、千家岩体、屯昌岩体、番阳岩体等构成。岩石类型以花岗闪长岩类分布面积最广，次为二长花岗岩及钾长花岗岩，少量石英闪长岩及石英二长岩。该时期侵入岩不具定向组构，但普遍出现闪长质包体，被动定位及幔、壳岩浆混合作用特征明显。

二、火山岩

海南岛火山岩出露面积约4627km^2，占全岛国土面积的13.6%。主要为新生代火山岩和中生代火山岩，尤其是新生代火山岩最为发育，其出露面积约4000km^2。

（一）中生代火山岩

中生代火山岩主要由五指山、旺商、同安岭、牛腊岭4个岩被组成，总面积约627km^2。岩性主要为中-酸性的流纹岩、安山玢岩和火山角砾岩、凝灰岩等。五指山、同安岭岩被呈北东-南西向展布于琼中、三亚，牛腊岭岩被呈东西向展布于乐东西南部，旺商岩被分布于五指山隆起的北部澄迈。

（二）新生代火山岩

新生代是海南岛火山活动的强盛时期，自老第三纪（古近纪）始新世以来，曾发生过多期、多次火山活动，火山喷发时断时续，一直延至第四纪全新世。第三纪（古近纪、新近纪）火山岩除蓬莱地区及海口金牛岭出露于地表外，大部分隐伏于琼北地下；第四纪火山岩则广泛出露于琼北广大地区并形成大面积的玄武岩被和众多的火山锥。新生代火山岩大部分为基性火山熔岩（玄武岩类）和火山碎屑岩，部分为沉火山碎屑岩。

第四节　水文地质条件

一、地下水类型及富水程度

根据含水层介质特征、地下水储存条件、水力特征，将区内地下水划分为松散岩类孔隙潜水、松散半固结岩类孔隙承压水、火山岩类裂隙孔洞水（简称火山岩潜水）、碳酸盐岩类裂隙溶洞水（简称岩溶水）、基岩裂隙水5个类型。又根据含水层成因、地质条件不同，将松散岩类孔隙潜水分为滨海堆积平原、河谷平原、山前古洪积层孔隙潜水；碳酸盐岩类裂隙溶洞水分裸露型、覆盖型岩溶水；基岩裂隙水分红层（局部层间）、层状岩类（网状层状）、块状岩类（网状脉状）裂隙水。

依据《海南岛1：20万区域水文地质普查报告》地下水富水等级的划分标准，将海南岛内各类型地下水划分为丰富、中等、贫乏3个等级（表2-2）。

表 2-2　海南岛含水岩组富水指标及富水等级划分

地下水类型	富水等级	富水指标				备注
		钻孔单位涌水量 [m^3·(d·m)$^{-1}$]	民井涌水量 (m^3·d^{-1})	泉流量常见值 (L·s^{-1})	地下水径流模数 [L·(s·km^2)$^{-1}$]	
松散岩类孔隙潜水	丰富	>200	>1000	>3		
	中等	20~200	100~1000	1~3		
	贫乏	<20	<100	<1		
松散半固结岩类孔隙承压水	丰富	>200				承压水单位涌水量为多层叠加值
	中等	20~200				
	贫乏	<20				
火山岩类裂隙孔洞水（火山岩潜水）	丰富	>200	>1000	>10		
	中等	20~200	100~1000	1~10		
	贫乏	<20	<100	<1		
碳酸盐岩类裂隙溶洞水（岩溶水）	丰富	>200		>10	>10	
	中等	20~200		3~10	3~10	
	贫乏	<20		<3	<3	
基岩裂隙水	丰富			>1.0	>10	
	中等			0.5~1.0	3~10	
	贫乏			<0.5	<3	

1. 松散岩类孔隙潜水

松散岩类孔隙潜水分布于沿海滨海堆积、河流冲积、冲洪积和山前古洪积平原，面积约 6250km^2，富水性变化较大，根据钻孔、民井单位涌水量可划分为水量丰富、中等及贫乏 3 个区（表 2-3）。

表 2-3　海南岛松散岩类孔隙潜水富水性统计

含水亚类	富水程度	分布	含水层岩性	含水层厚度/m	水位埋深/m	一般涌水量		
						钻孔 [m^3·(d·m)$^{-1}$]	民井 [m^3·(d·m)$^{-1}$]	泉水 (L·s^{-1})
滨海堆积平原孔隙潜水	丰富	长流荣山、文昌木栏头、万宁港北、乐东莺歌海	中粗砂、含砾中粗砂、砂砾石	8~15	一般<2.00	200~1000		1.5~2.5
	中等	沿海	含粉土质砂、中粗砂、含砾中粗砂、砂砾石	7~12	1.0~2.5	50~150	50~150	0.60~1.50
	贫乏	多为山前或地形较高地区	粉土质砂、含砾粉土质砂	一般<5	1~4.0	10~20	5~25	<0.50

续表

含水亚类	富水程度	分布	含水层岩性	含水层厚度/m	水位埋深/m	一般涌水量		
						钻孔 [$m^3\cdot(d\cdot m)^{-1}$]	民井 [$m^3\cdot(d\cdot m)^{-1}$]	泉水 ($L\cdot s^{-1}$)
河谷平原孔隙潜水	丰富	感城	含砾中粗砂、中粗砂、砂砾石	8~15	一般<1.50	>200	87.5	
	中等	沿河	含砾粉土质砂	5~10	1~4.0	20~50	30~100	0.5~1.0
山前古洪积层孔隙潜水	贫乏	山前	粉土质砂	一般3~5	1~4.0	<10	<20	<1.0

(据张宗祜等，2005)

(1) 滨海堆积平原孔隙潜水

该孔隙潜水分布于沿海沙堤沙地发育地区，一般与海岸平行，岩性主要为中粗砂、粉土质砂、砂砾石、含砾中粗砂等。地形由高到低，地层由老至新，含水层厚度增加，富水性变好。长流—荣山、文昌木栏头、万宁英豪半岛、乐东莺歌海等地含水层厚度 8~15m，水位埋深一般小于 2.0m，为水量丰富区；其他沿海地区含水层厚度 7~12m，水位埋深一般为 1~3m，为水量中等区；山前或地形较高的地区含水层厚度一般小于 5m，水位埋深一般为 1~4m，为水量贫乏区。

(2) 河谷平原孔隙潜水

该孔隙潜水分布于河流两侧，岩性主要为含砾粗砂、中粗砂、砂砾石、含砾粉土质砂等，从河流上游到下游，从阶地外缘到内缘，含水层富水性变好，由单元结构变为二元结构，厚度增加，富水性由弱变强。含水层厚度一般 5~15m，水位埋深一般小于 4m。除感城富水性好属水量丰富区外，其他地区为水量中等区。

(3) 山前古洪积层孔隙潜水

该孔隙潜水零星分布于山前，岩性主要为粉土质砂，所处的地形位置较高，标高一般为 30~80m，含水层较薄，一般为 3~5m，富水性差，为贫水区。

2. 碳酸盐岩类裂隙溶洞水

碳酸盐岩类裂隙溶洞水分布于儋州八一农场、兰洋农场，三亚大茅、红花，昌江石碌、王下，东方江边等地，面积约 287km²。三亚大茅、红花凹谷，为第四系覆盖，面积小，其他地区出露于地表，分布面积较大。根据富水性不同，分水量丰富、中等、贫乏 3 级分区。

(1) 儋州八一农场地区

该地区位于本岛西北部，面积约 145km²，地形较低平，含水层岩性为结晶灰岩、硅质灰岩、大理岩等，厚度一般为 20~160m。一般在 50m 深以上岩溶发育，岩溶率小于 5%，溶洞高 1~5m，浅部多为粉质黏土或碎石充填，局部为粉质黏土充填。

根据富水性不同，划分为水量中等、丰富两段。三分场至八一糖厂一带，为水量丰富区；八一农场的西部和东南部为水量中等区。

(2) 三亚大茅—红花地区

该地区分布于大茅、红花等地，面积约 67km²，呈条带状或岛状分布。大茅、田独、罗蓬、落笔洞等地形较低，为第四系松散层覆盖。厚度一般 20~50m，含水层为寒武系和奥陶系中统灰岩、白云质灰岩、角砾状灰岩、钙质砂岩等，为水量中等区。

(3) 昌江石碌—王下、东方江边地区

该地区位于海南岛西部，面积约 75km²，可溶岩出露地形较高，含水层厚度约 45m，水位埋深约 3.50m，泉水不发育，富水性较差，为水量贫乏区。

3. 基岩裂隙水

基岩裂隙水分布于海南岛中部山地丘陵区，面积约 23050km^2。根据岩石成因与水文地质条件不同，分红层（局部层间）裂隙水、层状岩类（网状层状）裂隙水、块状岩类（网状脉状）裂隙水。

（1）红层裂隙水

该裂隙水主要分布于儋州王五、定安雷鸣、琼海阳江、乐东、白沙等红层盆地，面积约 3107km^2。由白垩系、下第三系（古近系）碎屑岩组成。根据富水性不同，分水量中等、贫乏区。

水量中等区主要分布于琼海阳江、乐东、白沙等地，其中琼海阳江盆地分布的面积约 420km^2，乐东白沙盆地分布的面积约 2044km^2。

水量贫乏区主要分布于儋州王五和定安雷鸣等地，面积约 642km^2。

（2）层状岩类裂隙水

该类裂隙水呈零星状分布于岛内各地，面积约 3377km^2，含水层岩性主要为碎屑岩，局部夹薄层碳酸盐岩。根据富水性不同，分水量中等、贫乏区。

水量中等区主要分布于万宁龙滚、定安中瑞和三亚雅亮东北部等地，含水层为寒武系，面积约 716km^2，富水性较好，水量中等。

水量贫乏区主要分布于中部山区西北侧，即东方陀烈—昌江石碌、儋州大岭农场、澄迈文儒一带，面积约 2661km^2，水量贫乏。

（3）块状岩类裂隙水

该类裂隙水主要分布于海南岛中部山地丘陵区，出露面积约 16566km^2。块状岩类裂隙水，除构造断裂带地下水较富集外，其他地区为水量中等或贫乏区。

水量丰富区主要分布于琼中地区，含水层岩性为花岗岩、粗粒花岗岩，面积约 3399km^2。

水量中等区主要分布于屯昌、琼海、乐东、三亚、陵水等地，含水层岩性以花岗岩为主，面积约 6638km^2。

水量贫乏区分布于西北部地区，其次为三亚、文昌等地，含水层岩性以花岗岩为主，面积约 6529km^2。

4. 火山岩类裂隙孔洞水

火山岩类裂隙孔洞水主要分布于海南岛北部第四纪火山岩分布区，含水层岩性以微孔状、气孔状玄武岩为主，凝灰岩、集块岩、火山角砾岩次之，面积约 3928km^2。根据富水性不同，分水量丰富、中等、贫乏 3 大区。

水量丰富区主要分布于海口永兴—石山、临高东英、定安岭口鲁古井的大片全新世、更新世晚期火山岩区，面积约 577km^2。

水量中等区主要分布于儋州三都—峨蔓、临高新盈农场、澄迈美亭、海口云龙和定安黄竹、龙门、龙塘一带。

水量贫乏区分布于海口旧州、灵山、云龙、演丰，文昌东路、石壁，琼海大路和定安金鸡岭等地。

5. 松散半固结岩类孔隙承压水

松散半固结岩类孔隙承压水主要分布于琼北自流盆地和西南部自流盆地（斜地），水量丰富，是区内主要水源地。

（1）琼北自流盆地承压水

含水层赋存于海口组贝壳碎屑固结岩类和长流组砂砾石松散岩类中，自上而下划分为 8 个含水层（组），各含水层（组）顶板均有隔水层，相应称为第一、第二、……、第八隔水层。其中，第 2、第 3+4 含水层为琼北地区主要含水层，第 5、第 6、第 7、第 8 承压含水层为低温热矿水，开采量较小。第 8 承压含水层是“海口市城市环境地质调查”项目施工的 980m 地热探采结合孔新发现的承压含水层，各个承压含水层水文地质特征详见表 2-4、图 2-2。

表 2-4 琼北承压含水层水文地质特征一览表

含水层	水文地质特征
第 1 承压含水层	分布于南渡江以北，赋存在海口组中，东起琼山桂林洋农场，西到临高美台，东西长 92km，南北宽 20~28km。含水层岩性为灰白、浅黄色钙质胶结的贝壳碎屑岩、肉红色贝壳砂岩，局部夹薄层砂岩。含水层孔隙发育，多溶蚀小孔。含水层中部厚（26~34m），四周边缘薄（2.4~3.9m）。含水层富水性变化较大，水量贫乏—丰富
第 2 承压含水层	埋藏在海口组下段，分布面积比第 1 含水层大，东起琼山演丰，西至儋州白马井，呈东西向长条形，东西长 154m，南北宽 6~40m。含水层岩性为肉红色、浅黄色贝壳砂砾岩、贝壳灰岩、糖饼状贝壳碎屑岩，局部含水层间间夹粉土、粉质黏土等。中南部永兴、福山、多文火山岩台地区，含水层厚度薄，一般为 5~10m；西北部临高、滨海平原及东部灵山、演丰一带变厚，一般为 36~54m，其中长流、新盈最厚达 95m。东段沿海平原区，含水层孔隙发育，富水性强而稳定；临高皇桐、琼山美涯地段，属水量中等区；火山岩高台区和南部边缘地带，岩性普遍致密坚硬，孔隙不发育，属水量中等—贫乏区
第 3+4 承压含水层	含水层除东南部的南渡江以东局部缺失外，分布于全区，赋存在长流组中，富水性较强。含水层岩性为绿、黄绿色含砾粗砂、含砾中砂、砾石、含砾粉土、砾卵石和粉、细砂等，第 3、4 含水层间无明显的隔水层。含水层厚度，盆地边缘薄，0~45m，一般 25m 左右；往北增厚，40~80m，最厚达 103m。含水层富水性以荣山村往东为中等—富水区；荣山村往西和南部边缘带为贫水区
第 5 承压含水层	赋存于角尾组上段，岩性为松散的砾砂、中砂、粗砂、细砂与绿色粉砂和粉砂质、粉质黏土互层状，由 4~6 个分层组成。顶板埋深 353~402m，厚度 38~76m，水位埋深 2.6~13.0m，水温一般为 39~43℃，矿化度一般为 0.40~1.12g/L，属中温热水
第 6 承压含水层	赋存于角尾组下段，岩性为粉土、砾质粉土，顶板埋深 482~611m，厚度 25~60m，水位埋深 3.8~8.6m，水温约 43℃，矿化度 1.30~2.37g/L，属微咸中温热水
第 7 承压含水层	赋存于下洋组中部，岩性为淡黄、灰白色含砾中砂、含砾粗砂，顶板埋深 609~655m，厚度 58~70m。在地面标高较低的海成阶地内，自流条件较好，水位埋深 3.2~5.3m，水温一般为 48~49℃，矿化度 1.16~2.02g/L，属微咸中温热水
第 8 承压含水层	赋存于涠洲组上段，岩性为淡黄色含卵石中粗砂，顶板埋深约 800.00m，厚度约 70.00m，水位埋深 9.00m，水温约 50℃，矿化度 1.93g/L，属微咸中温热水

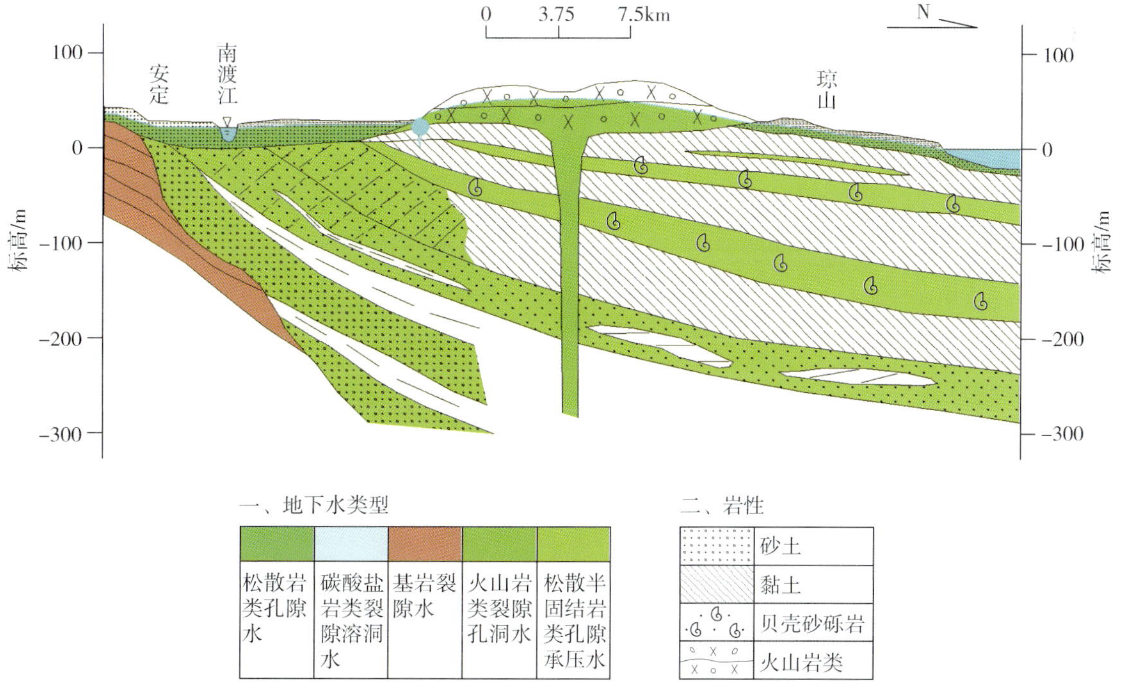

图 2-2 琼北自流水盆地水文地质剖面图

（2）西南部自流盆地（斜地）承压水

含水层分布于海南岛西南部地区，上新世地壳下降，并接受沉积，到中更新世发生海退，形成沿海八所-感城、莺歌海-九所、崖城、三亚、藤桥-林旺5个在陆地上互不相连的古海湾盆地或岸坡斜地，使各自形成独立的水文地质单元。地下水主要赋存于上新统望楼港组和佛罗组松散岩类含水层组中，全被第四系覆盖。

A. 八所-感城自流斜地

含水层分布于东方西部沿海平原区，北起新街南至板桥的沿海狭长地带，南北长约46km，东西宽8~10km，仅发育一个承压含水层，属望楼港组，直接覆盖于基岩或古残积层之上。在八所至罗带间，黏土隔水层中夹一层不稳定的承压水透镜体，基底为一个向海斜坡，东高西低，标高-3~80m。含水层与基底坡度基本一致，近海稍缓，为浅埋缓倾斜的承压含水层。含水层岩性为中粗砂、中细砂、含砾粗砂、砾砂、含砾黏土质砂等，岩性变化大，颗粒由山前往海变细，在感城—罗带地段为河口相沉积，颗粒变粗，厚度增大。含水层埋深，由东向西往海区变深，一般4~53m，在感城最深达89 m，厚度变化大，一般0.8~21m；在中部新村、罗带最厚，向南、北两端变薄。水位埋深4~3m，由山前往海水位变低变浅，富水性差，且变化大。十所区和感城—板桥区属水量中等区；八所区和新村区属水量贫乏区。

B. 莺歌海-九所自流盆地

含水层分布于佛罗、莺歌海、九所等滨海平原区，储存于上新统望楼港组和佛罗组中，共有8个含水层。其中第1、第2、第3、第4层为望楼港组含水层，分布于全区，厚度一般为8~40m；第5、第6、第7、第8层为佛罗组含水层，分布于佛罗、黄流、九所一线以南，含水层单层厚度薄，有交错现象。含水层岩性为含砾中粗砂、中细砂、含砾黏土质砂等，结构松散，孔隙发育。含水层向海倾斜，与基底古地形一致，在上游区或盆地边缘较陡，下游平缓，一般为1°~10°，九所地区最为平缓，水位埋深0.04~18.90m。其中，九所区和佛罗区属水量丰富区，莺歌海区属水量中等区，黄流盆地边缘区属水量贫乏—中等区。

C. 崖城自流盆地

含水层分布于崖城盆地内，东西长，南北窄，在崖城沿宁远河向东北延伸较远。含水层与黏土、粉质黏土互层叠置，构成多层次的承压水盆地，上新统发育3~7层，第1、第2、第3、第4、第5层赋存于望楼港组，第6、第7层赋存于佛罗组。底部第7层埋深46~114m，全区属浅埋含水层。含水层向南倾斜，在宁远河流域最厚达38~40m，往东、西两侧向盆地边缘变薄；第1、第2、第4、第6层较稳定，富水性好，是盆地内的主要含水层。

含水层组岩性为一套海湾、河口陆源沉积砾卵石、砂砾石、含砾中粗砂、含砾砂土等。自下而上逐渐变粗，到浅部为砂砾、卵石层；向盆地边缘变粗，特别在宁远河两侧，颗粒粗，厚度大。地下水位埋深浅，沿海东部水位埋深8~10m，西部水位埋深1~4m，各层的水位自上而下逐层增高，底层最高，标高2m；盆地边缘水位高，特别东北部最高，往下游保港变浅，最低水位标高在2m以下，水力坡度比较平缓。崖城-宁远河出海口属水量丰富区；梅山盆地边缘区属水量中等区。

D. 三亚自流盆地

含水层分布于三亚滨海平原区，含水层赋存于上新统望楼港组，有4个含水层，层间有黏土层相隔，其中第1、第2、第3层分布于全区，第4层仅分布于羊栏、金鸡岭铁路线以南，含水层微向海倾斜，基本和地形一致。含水层岩性为砾卵石、含砾中粗砂、粉细砂等。颗粒变化大，边缘粗，中间细；上、下层粗，中间层细。地下水位埋深浅，水位标高0.3~2m，盆地边缘水位高，往南变低，在金鸡岭、羊栏一线以南，水位标高在0.4 m左右；各含水层间的水位，自上而下逐渐增高，上层水位标高为0.4~1.3m，但底部第4层水位标高最高，达1.46m。富水性的强弱与含水层的厚度、岩性及汇水条件有关，在羊栏、荔枝沟到机场沿海平原，由于含水层厚度大，径流条件较好，钻孔出水量大，往盆地边缘含水层厚度变薄，钻孔出水量变小，属水量丰富区；桶井盆地边缘区，钻孔出水量一般，属水量中等区。

E. 藤桥-林旺自流盆地

含水层分布于藤桥、林旺、铁炉港山前平原区，南北长，东西窄，赋存于望楼港组的中下部，只有1个含水层。南部铁炉港地段，顶部含水层呈透镜体状，底部普遍有一层粉质黏土与基岩隔开。岩性以含砾砂土为主，其次是中细砂、粗砂等，靠山前颗粒粗，往海变细。含水层厚度四周薄，中间厚，铁炉港最厚，达28m；底板北高南低，往海区变深；水位标高0.6~3.0m，西高东低，地下水从西部山前盆地向海区径流。富水性受含水层厚度、岩性控制，南部厚度比北部厚度大，富水性比北部好。其中，铁炉港区属水量中等区，藤桥区属水量贫乏—中等区。

二、地下水补给、径流、排泄条件和动态特征

（一）补给、径流、排泄条件

1. 松散岩类孔隙潜水

大气降水是地下水主要补给来源，含水层松散，透水性良好，入渗系数一般0.3~0.6；部分地区灌溉水也是重要的补给来源。

地下水径流、排泄受地形控制，滨海沙堤沙地和山前洪积层，具一定坡度，径流、排泄条件好；河流阶地、海成阶地、三角洲地形低平，水力坡度很小，径流、排泄条件差，总体上由山前向海区径流，以泉或片流排泄于河沟、海区或侧向补给承压水，局部地段以人工开采方式排泄。

2. 火山岩类裂隙孔洞水

大气降水和灌溉水是火山岩潜水的主要补给来源。玄武岩裸露区渗入系数为0.738；红土覆盖区渗入系数为0.335。

地下水径流、排泄条件受地形控制，在水平方向上，以火山口为中心，呈放射状向四周流动至台地前缘排泄，大部分以泉的形式泄入河海；一部分补给其他地下水。火山岩潜水水位较下伏承压水水位高，潜水除水平方向径流、排泄外，尚有垂直方向排泄补给深部承压水。

3. 碳酸盐岩类裂隙溶洞水

大气降水是岩溶水的主要补给来源，其补给受岩性、构造、地貌等因素的影响。儋州八一农场和三亚大茅、红花地区，岩溶较发育，直接接受大气降水的补给。三亚大茅、红花第四系覆盖区，其覆盖层隔水性差，可接受地表水或潜水补给。地下水经短距离径流后，以泉的形式排泄于溪沟中，其次是通过井孔开采方式排泄。

4. 基岩裂隙水

基岩裂隙水以大气降水补给为主，径流、排泄受构造、地形、植被诸因素控制。五指山隆起区，年降水量大，植被发育，补给条件好，由于地势高，地下水呈放射状由高向低经短距离径流后，以泉或片流形式排泄于凹沟、河谷，汇流入海；在波状平原区，侧向补给孔隙潜水或承压水。

5. 松散半固结岩类孔隙承压水

琼北承压水主要接受上覆火山岩潜水的入渗补给，其次是南部边缘第四系潜水和基岩裂隙水侧向渗入补给。火山岩高台区，上层水位比下层高，上层水垂直补给下层水；滨海平原区，地下水位下层比上层高，下层水顶托越流补给上层水，局部地段，如东寨港、东山、定城地段及新英港等，

形成排泄区；部分以人工开采方式排泄。琼西南自流盆地（斜地）承压水主要接受盆地（斜地）边缘基岩裂隙水的侧渗补给，部分为底部基岩裂隙水的越流补给，由山前向海区径流，以泉水或片流方式排泄于沟谷、海区。

（二）动态特征

1. 松散岩类孔隙潜水

水位动态主要受降水控制，其次受地形、植被等因素的影响，其变化和降水季节基本一致，其高、低值稍滞后于降水时间。

2. 火山岩类裂隙孔洞水

火山岩潜水动态特征受降水和灌溉制约，地下水动态曲线与降水量及灌溉水变化基本吻合。

3. 碳酸盐岩类裂隙溶洞水

降水是岩溶水的主要补给来源，岩溶水与降水关系密切。三亚大茅矿区，五月雨季之初，随着每次降雨，水位不断上升，在丰水期的 7 月、8 月间，达到最高峰；雨季过后，水位开始下降，到次年雨季开始之前到最低点，变幅一般在 2m 以上。儋州八一农场地区岩溶水变幅大，雨季民井水位接近地表，旱季多为干涸。

4. 基岩裂隙水

水位动态变化主要受降水控制，其次受地形、植被等因素的影响，随季节变化明显。其变化和降雨季节基本一致，其高、低值稍滞后于降雨时间。

5. 松散半固结岩类孔隙承压水

承压水动态主要受开采量的影响，水位年变幅 1.5～3.14m，高峰期出现在 11 月，低峰期在 6 月，比降雨峰值期延迟 1～2 个月，沿海受海潮影响最大幅度为 0.4m，水温和水质比较稳定，变化不大。不同类型地下水水位动态特征见图 2-3。

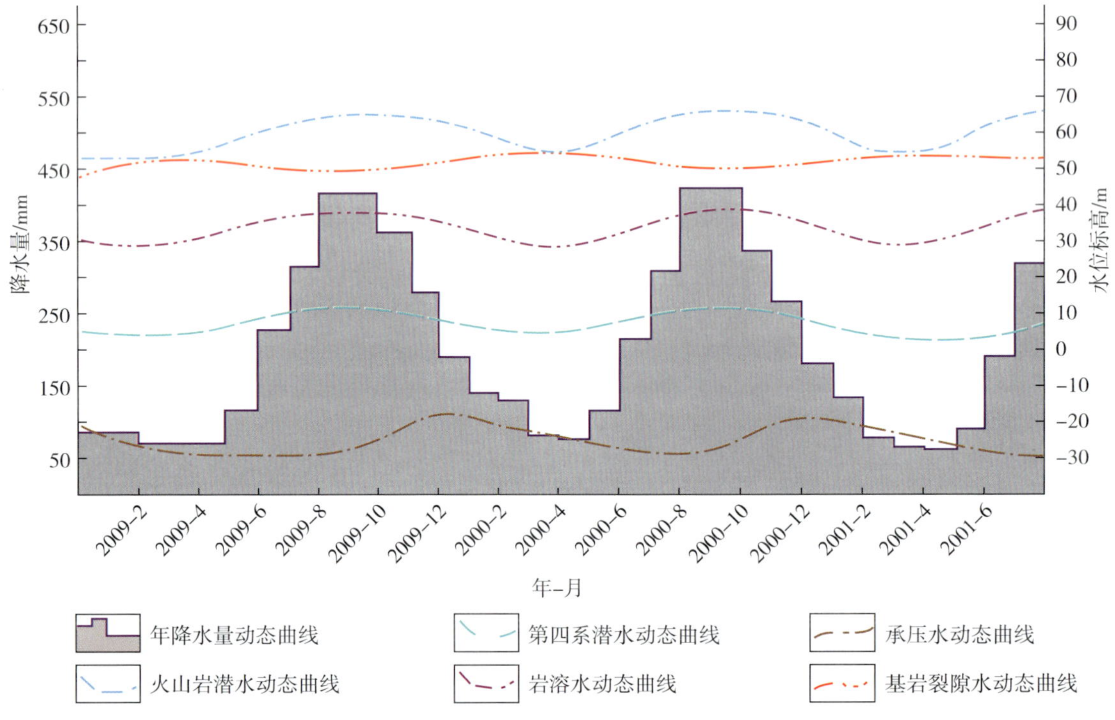

图 2-3　海南岛地下水动态曲线图

三、地下水化学特征

1. 松散岩类孔隙潜水

滨海平原区孔隙潜水，矿化度一般为0.05~0.3g/L，阴离子以Cl^-·HCO_3^-为主，阳离子主要为Na^+、Na^+·Ca^{2+}、Na^+·Mg^{2+}，水化学类型为Cl·HCO_3-Na、Cl·HCO_3-Na·Ca和Cl·HCO_3-Na·Mg。

2. 火山岩类裂隙孔洞水

北部火山岩潜水径流、排泄条件良好，补给充足，矿化度低，一般小于0.6g/L，pH值一般为7.0~7.8，阴离子以HCO_3^-为主，阳离子以混合型为主，如Na^+·Mg^{2+}、Na^+·Ca^{2+}、Na^+·Mg^{2+}·Ca^{2+}、Na^+·Ca^{2+}·Mg^{2+}，水化学类型为HCO_3-Na·Mg、HCO_3-Na·Ca、HCO_3-Na·Mg·Ca、HCO_3-Na·Ca·Mg。

3. 碳酸盐岩类裂隙溶洞水

岩溶水水径流、排泄条件良好，矿化度一般小于1.0g/L，pH值一般为7.3~7.7，阴离子以HCO_3^-为主，少量SO_4^{2-}、Cl^-等，阳离子主要为Ca^{2+}、Ca^{2+}·Mg^{2+}、Na^+，水化学类型主要为HCO_3-Ca、HCO_3- Ca·Mg，三亚大茅、红花地区个别为HCO_3-Na·Mg。

4. 基岩裂隙水

中部基岩裂隙水补给充足，地下水径流、排泄条件好，矿化度一般小于0.1g/L。西部地区，阴离子以HCO_3^-为主，块状岩类阳离子以Na^+、Ca^{2+}、Na^+·Ca^{2+}、Na^+·Mg^{2+}为主，水化学类型为HCO_3-Na、HCO_3-Ca、HCO_3-Na·Ca、HCO_3-Na·Mg；层状岩类阳离子以Ca^{2+}、Ca^{2+}·Na^+、Ca^{2+}·Mg^{2+}为主，水化学类型为HCO_3-Ca、HCO_3-Ca·Na、HCO_3-Ca·Mg。东部地区，阴离子以HCO_3^-·Cl^-为主，阳离子以Na^+、Ca^{2+}·Na^+、Na^+·Mg^{2+}为主，水化学类型为HCO_3·Cl-Na、HCO_3·Cl-Ca·Na、HCO_3·Cl-Na·Mg。

5. 松散半固结岩类孔隙承压水

松散半固结岩类孔隙承压水，在水平方向上从补给区到排泄区，矿化度增高，东方八所、感城及三亚等沿海地区为咸水；在垂直方向上由浅到深，矿化度增加，由弱酸性水变为弱碱性水。

（1）琼北自流盆地承压水

琼北自流盆地承压水主要分布于海口、澄迈、临高、儋州等地，其赋存于上新统海口组和中新统灯楼角组。

海口组承压水阴离子以HCO_3^-为主，阳离子为Na^+、Ca^{2+}、Ca^{2+}·Mg^{2+}、Mg^{2+}·Ca^{2+}·Na^+、Na^+·Mg^{2+}，水化学类型为HCO_3-Na、HCO_3-Ca、HCO_3-Ca·Mg、HCO_3-Mg·Ca·Na和HCO_3-Na·Mg，矿化度较低，一般为0.3~0.4g/L。

灯楼角组承压水阴离子为HCO_3^-和Cl^-，阳离子为Na^+、Na^+·Ca^{2+}、Na^+·Mg^{2+}·Ca^{2+}，水化学类型为HCO_3-Na、HCO_3-Na·Ca、HCO_3-Na·Mg·Ca、Cl-Na、Cl-Na·Ca和Cl-Na·Mg·Ca，矿化度较低，一般为0.11~0.415 g/L，pH值一般5.9~7.7。

（2）西南部自流盆地（斜地）承压水

A. 八所-感城自流斜地

承压水矿化度一般小于1g/L，水化学类型为HCO_3·Cl-Na或Cl·HCO_3-Na。因受海水的影响，八所港、感城地段分布有咸水区，矿化度较高；八所港区水化学类型水平分带规律较明显，由阶地至海边沙堤，矿化度及Cl^-含量均由低变高，水化学类型由重碳酸型逐渐过渡为氯化物型。感城地区承压水矿化度为1.06~4.67g/L，pH值为6.75~7.22，不宜饮用和灌溉。

B. 莺歌海-九所自流盆地

承压水分淡水和咸水两个区。淡水为无色、无味、无嗅、透明、水温28℃，pH值7.24，总硬度19mg/L，矿化度0.15mg/L，水化学类型为HCO_3-Na型。咸水矿化度8.8~11.96mg/L，水化学类型为Cl-Na。地下水从上游至下游，从浅层至深层，矿化度值及水温有较明显递增。

C. 崖城自流盆地

崖城自流盆地承压水阴离子主要为HCO_3^-，阳离子为Mg^{2+}和Ca^{2+}，水化学类型为HCO_3-Mg、HCO_3-Ca，矿化度0.2~1.59g/L，南滨农场一带含铁较高。沿海地区受海水的影响，矿化度增加，水化学类型为HCO_3·Cl-Na或Cl-Na。

D. 三亚自流盆地

盆地内承压水由于受沿海地带封存咸水和海水入侵的影响，水化学类型较为复杂，主要有HCO_3-Ca或HCO_3-Ca·Mg、HCO_3·Cl- Ca·Na、Cl·HCO_3-Na、Cl-Na和Cl·SO_4- Na等类型。总矿化度和Cl^-含量的变化基本遵循由河谷到沿海地带，由低到高的规律。淡水的矿化度一般0.3~0.85g/L，pH值6.6~8.1，属中—弱碱性水。

E. 藤桥-林旺自流盆地

承压水分淡水和咸水两个区。淡水为无色、无味、无嗅、透明、水温28℃，pH值7.54，总硬度21mg/L，矿化度163.2mg/L，水化学类型为HCO_3-Na。咸水矿化度5.6~8.63mg/L，水化学类型为Cl-Na。地下水从上游至下游，从浅层至深层，矿化度值及水温有较明显递增。

第五节　工程地质条件

一、岩、土体工程地质

（一）岩体工程地质

根据海南岛岩体类型及工程地质力学性质，可分为岩浆岩、变质岩、沉积碎屑岩和沉积碳酸盐岩等4个建造类型和18个岩组。

1. 岩浆岩建造

岩浆岩建造主要分布于海南岛中部山地丘陵花岗岩分布地区及北部火山岩分布地区，岩性为不同时期的花岗岩及火山岩。包括①坚硬块状侵入岩组，由以酸性花岗岩为主，其次为基性辉绿辉长岩的侵入体组成；②较坚硬—弱薄层状火山碎屑岩组；③坚硬—坚硬块状基性火山熔岩组，由以气孔—致密状玄武岩为主组成；④坚硬块状中酸性熔岩组，以流纹质凝灰熔岩和安山质熔岩为主，岩石抗压强度为60~130MPa。

2. 变质岩建造

变质岩建造星散分布于全岛山地丘陵平原区，岩性为不同时期的变质砂岩、砂砾岩、结晶灰岩等。包括①坚硬—较坚硬薄层-块状变质石英砂岩和板岩互层夹结晶灰岩组；②坚硬—较坚硬薄层—厚层状千枚岩夹变质砂岩和结晶灰岩组；③坚硬—较坚硬薄层—厚层状板岩夹变质砂岩组；④坚硬—较坚硬薄层—厚层状片岩夹石英岩和结晶灰岩组；⑤坚硬—较坚硬薄层-块状混合片麻岩和混合花岗岩组，岩石抗压强度为40~110MPa。

3. 沉积碎屑岩建造

沉积碎屑岩建造主要分布于儋州王五、定安雷鸣、琼海阳江、乐东—白沙等红层盆地，岩性为白垩纪、志留纪的砂岩、砂砾岩、粉砂岩及泥岩等。包括①坚硬—软弱薄层-块状砂砾岩夹泥岩组；②坚硬—较坚硬中厚层—厚层状砂岩组；③较坚硬—软弱薄层—厚层状砂岩夹泥岩组；④较坚硬—软弱薄层—厚层状砂岩和泥岩互层组；⑤软弱—坚硬薄层—厚层状黏土岩夹砂岩组；⑥软弱—坚硬薄层—厚层状碎屑岩夹碳酸盐岩组，岩石抗压强度为55~105MPa。

4. 沉积碳酸盐岩建造

沉积碳酸盐岩建造主要分布于海南岛西部儋州八一农场、兰洋农场，昌江石碌、王下及东方江边，南部三亚红花、大茅等地，岩性为灰岩、白云岩等。包括①坚硬—较坚硬中厚层—厚层-块状碳酸盐岩组；②坚硬—软弱薄层-块状碳酸盐岩夹碎屑岩组；③坚硬—较坚硬薄层-层块状碳酸盐岩与碎屑岩互层岩组，岩石抗压强度为35~95MPa。

（二）土体工程地质

岛内土体主要分布于滨海平原和河谷地带，其工程地质类型可划分为5大类8亚类。

1. 碎石性土

碎石性土主要分布于山前冲洪积平原区，河流阶地及部分海滩、河床。岩性主要为砾砂、砾卵石土，呈单层或多层结构，厚度一般小于10m，力学性质差异大，承载力标准值一般250~420kPa。

2. 砂性土

砂性土主要分布于河流阶地及沿海砂地，岩性主要包括砾砂、中粗砂及粉细砂。

（1）砾砂、中粗砂

砾砂、中粗砂广泛分布于滨海地区海岸沙堤、阶地、三角洲及河海漫滩，以多层结构为主，厚度不一，由数米至数十米。不同地区的岩性力学性质差异大，在沿海岸沙堤呈松散到稍密状，其余一般为稍密至中密状，内摩擦角21°~43°，压缩模量7~39MPa，承载力标准值130~270kPa。

（2）粉细砂

粉细砂分布于海积一级阶地、部分海滩沙堤和南渡江、昌化江、万泉河、宁远河、珠碧江等河流三角洲，以多层状结构为主，顶板埋深一般0~25m，以稍密至中密状为主，压缩模量5~38MPa，内摩擦角17°~38°，承载力标准值100~190kPa。

3. 粉土

粉土分布于河流阶地、海成阶地及三角洲，大多为双层或多层结构，单层厚度一般1~5m，顶板埋深一般0~20m，中更新统粉土层中普遍含少量细砾，在不同的地形地貌条件下其力学性质有较大差异，压缩系数0.09~0.35MPa^{-1}，压缩模量4.8~29.9MPa，承载力标准值130~380kPa。

4. 黏性土

黏性土广泛分布于环岛滨海平原台地和河流阶地，滨海地区以多层状结构为主，内陆河流阶地以双层结构为主。岩性为黏土和粉质黏土，厚度变化很大，琼北和琼南滨海地区总厚度在100m以上，内陆河流阶地一般小于10m。一般黏性土承载力标准值105~280kPa，压缩模量2.1~11.0MPa。老黏性土承载力标准值160~325kPa，压缩模量4.9~16.4MPa。

5. 特殊土

（1）淤泥、淤泥质土

淤泥、淤泥质土主要分布于滨海地区，尤其以河口和海湾地段最为常见。其中，在南部的三亚湾、三亚河沿岸，西部的八所港、罗带河出海口及北部的新英湾、海口湾处南渡江、万泉河等上三角洲地区分布范围较广，孔隙比1.50~1.85，液限指数1.2~1.90，承载力标准值40~70kPa。海口软土分布范围92.92km^2，三亚市区软土分布范围约27km^2，约占城区面积的70%。顶板埋深0~9m，厚度一般0.5~12.0m，常夹粉细砂薄层或黏土团块。

（2）胀缩土

沉积型胀缩土为杂色黏土，多分布于琼北平原地区，自由膨胀率 40%～80%；残积型胀缩土分布于北部火山岩分布区，尤以海口金牛岭至狮子岭一带较多见，为玻屑凝灰岩风化形成的膨润土，亲水矿物蒙脱石为其主要成分，自由膨胀率 65%～106%。

（3）红土

红土为新生代玄武岩风化黏土，广泛分布于北部火山台地区，其最大特点是具团粒结构，透水性较好，具高压缩性，孔隙比 1.13～1.5，压缩系数 0.44～0.90MPa^{-1}。

二、工程地质分区评价

依据地质构造、地貌类型和工程地质条件，将全岛划分为 4 个工程地质区 9 个工程地质亚区（图 2-4）。

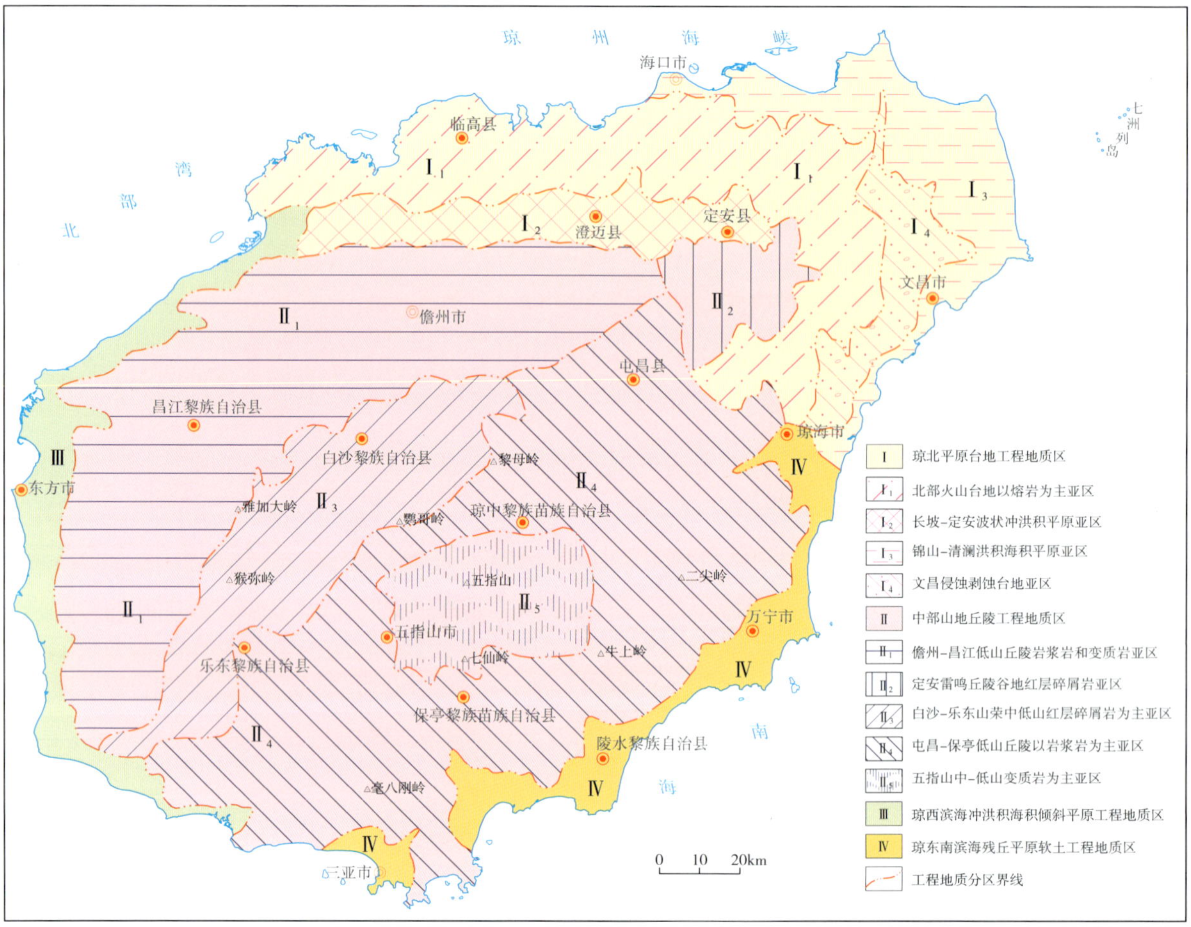

图 2-4　海南岛工程地质分区图

（一）琼北平原台地工程地质区

该工程地质区构造上大致处于王五-文教断裂带以北及琼山-仙沟（琼海）断裂带以东，也就是琼北坳陷带和琼东北断隆带，总的地势中部较高，向周边缓倾，区内地形波状起伏，其间散布有众多火山锥或孤丘，标高一般 20～80m，个别山丘可达 340m，沿海零星分布有 5m 以下的低地。挽近期活动断裂发育，地壳较不稳定，历史上地震最高 7.5 级，烈度Ⅶ～Ⅷ度。

1. 北部火山台地以熔岩为主亚区

该亚区为一东西向转南北向的脊状台地，南渡江由西向东流过本区以南，于定城附近北转穿越本区流向琼州海峡，石山一带火山锥密布，具有火山丘陵地貌景观。熔岩以岩被盖于松散层之上，熔岩孔洞孔隙发育；岩组以坚硬熔岩为主，局部有软弱火山碎屑岩分布，风化层厚度不一。主要工程地质问题为渗漏、塌陷、不均匀沉降、滑坡、水土流失和胀缩土。

2. 长坡-定安波状冲洪积平原亚区

该亚区在构造上为琼北坳陷的南部边缘部分，东西向王五-文教断裂纵贯全区，挽近期活动断裂发育，边缘地段地形波状起伏，近河地段较为平坦。岩组为松散土体，黏性土和砂性土呈双层或多层结构。主要工程地质问题为河岸侵蚀崩塌、渗流管涌、水土流失、胀缩土和砂土液化。

3. 锦山-清澜洪积海积平原亚区

该亚区地形呈波状起伏，沿海岸线分布有沙堤，河口和海湾地段地势低平。西北部地震烈度 8 度，东南部 7 度。岩组为砂性土、黏性土，局部有碎石土，呈双层或多层结构，在海湾河口地段有淤泥质土分布，在西部海口地区土层最大厚度可达 1000m。主要工程地质问题为水土流失、岸边侵蚀崩塌、港湾淤积、沉陷、砂土液化和胀缩土。

4. 文昌侵蚀剥蚀台地亚区

该亚区构造属琼东北断隆的一部分，波状地形。岩组主要为坚硬岩浆岩、变质岩。风化层厚度一般 5~20m，主要工程地质问题是花岗岩球状风化残留体引起的不均匀沉降。

（二）中部山地丘陵工程地质区

五指山、鹦哥岭为中山地形，向周边逐渐过渡到低山丘陵，标高一般 100~750m，据统计，标高 1000m 以上的山峰有 37 座，昌江—屯昌一线以北以标高 300m 以下的丘陵为主；区内水系发育，以五指山为中心，呈放射状流向四周，河谷多呈“V”形；构造复杂，北东向和东西向构造带特别发育，构成了本区的主要构造格架。挽近期有明显隆升，活动断裂较发育，沿断裂带有众多温泉出露。历史上地震最高 5 级，除东北部受邻区地震影响，烈度在 7~8 度外，其余为 6 度或 6 度以下。

1. 儋州-昌江低山丘陵岩浆岩和变质岩亚区

该亚区西北部为丘陵谷地、东南部为中-低山，岩组主要有坚硬岩浆岩、坚硬—较坚硬变质岩，还有零星分布的坚硬碳酸盐岩和坚硬—软弱红层碎屑岩。主要工程地质问题为滑坡、坝基渗漏、软弱夹层和花岗岩球状风化残留体引起的不均匀沉降等。

2. 定安雷鸣丘陵谷地红层碎屑岩亚区

该亚区为低缓丘陵盆地地形，中部为金鸡岭火山锥，水系发育。岩组以坚硬—软弱红层碎屑岩为主，中部金鸡岭一带分布有小面积火山熔岩。主要工程地质问题为软弱夹层。

3. 白沙-乐东山荣中低山红层碎屑岩为主亚区

该亚区中—低山谷地，切割强烈，山势走向北东。岩组以坚硬—软弱红层碎屑岩为主，局部有小面积变质岩和岩浆岩分布，主要工程地质问题为滑坡、崩塌、泥石流。

4. 屯昌-保亭低山丘陵以岩浆岩为主亚区

该亚区东北部以丘陵盆地为主，南部为低山谷地，水系发育。以坚硬岩浆岩为主，其次有坚硬—软弱红层碎屑岩组和坚硬—较坚硬变质岩组，在南部零星分布有坚硬强岩溶化碳酸盐岩。工程地质问题主要为滑坡、崩塌、不均匀沉降、塌陷和渗漏等。

5. 五指山中—低山变质岩为主亚区

该亚区为中山—低山谷地地貌，切割强烈，沟谷呈“V”形，水系发育；五指山标高 1887m，为全岛最高峰。岩组以坚硬变质岩为主，其次在中部有坚硬中酸性火山岩和侵入岩分布。主要工程地质问题为滑坡、崩塌、泥石流。

（三）琼西滨海冲洪积海积倾斜平原工程地质区

该工程地质区延绵分布于岛西海岸带，东接丘陵山地，成为向海倾斜的微起伏平原。岩组以洪积海积相为主的松散土体，有少量河流冲积土分布，黏性土和砂砾土呈双层或多层结构，在河口和海湾附近分布有淤泥质土。主要工程地质问题为河岸侵蚀、海岸侵蚀、港湾淤浅、渗漏、水土流失、软土沉陷和砂土液化。

（四）琼东南滨海残丘平原软土工程地质区

该工程地质区断续分布于东南沿海河口地段，在波状平原上散布有侵蚀剥蚀残丘，潟湖、海湾发育。历史上地震最高震级北部5.5级、南部3.5级，有多处温泉出露。岩组主要有冲洪积和海积的土体，砂性土、黏性土呈双层或多层状结构，残丘主要为坚硬岩浆岩。在海湾潟湖和河口附近普遍分布有淤泥层。主要工程地质问题为软土沉陷、砂土液化、滑坡、河海岸侵蚀崩塌、港湾淤积。

第三章　土 壤 环 境

第一节　土壤类型及分布特征

一、土壤类型

土类是在一定的生物气候条件和人为因素的作用下，经过一个主导或几个相结合的成土过程产生了与其相适应的土壤属性的一群土壤。土类之间在性质上有明显的差异性，海南岛的地带性土壤有砖红壤、赤红壤、黄壤、燥红壤等；非地带性土壤有水稻土、紫色土、新积土、火山灰土、石质土、石灰土、冲积土、滨海砂土、滨海盐土（表3-1）。

表3-1　海南岛土壤分类一览表

土　类	分　布　特　征	面　积/km^2
砖红壤	地带性土壤，分布于全岛大部分地区	22181.5
赤红壤	地带性土壤，分布于标高400~800m的高丘低山	3545.4
黄　壤	地带性土壤，分布于标高800m之上的中低山区	1077.1
燥红壤	分布于西南部滨海岸，标高10~60m的平原、台地区	1017.9
新积土	分布于河流中下游两岸地带	148.4
滨海砂土	分布于环岛滨海地带，标高10m以下的沙堤阶地	714.8
石灰土	分布于东方、儋州、三亚石灰岩分布区	16.4
火山灰土	分布于海南岛北部火山岩台地区	613.2
紫色土	分布于儋州、白沙、鹦哥岭、黎母山林场局部地带	299.3
冲积土	分布于南渡江、万泉河、昌化江、珠碧江等河流中下游阶地、三角洲平原	732.7
滨海盐土	分布于局部滩涂地带，标高10m以下的沙堤阶地	29.6
石质土	分布于海南岛北部火山岩区及昌江、白沙局部地带	145.1
水稻土	分布于山前洪积平原、河流冲积平原、山间平原	3400.3

1. 砖红壤

砖红壤是海南岛的地带性土壤，主要分布于标高400m以下的丘陵、台地、平原地区，分布面积22181.5km^2，是全岛热带经济作物的重要基地，成土母质广，沉积岩、火成岩、变质岩均有。

2. 赤红壤

赤红壤分布于标高400~800m的高丘低山上，面积3545.4km^2，分布面积仅次于砖红壤，成土母质主要为花岗岩。土层深厚，土壤颜色为淡棕红或黄棕色，土壤质地黏重。黄色赤红壤天然植被为常绿季雨林、落叶季雨林等热带雨林。

3. 黄壤

黄壤分布于标高800m之上的中低山区，如五指山、雅加大岭、猴猕岭、尖峰岭、鹦哥岭和万宁白石岭一带均有分布，面积1077.1km^2，成土母质为花岗岩和砂页岩，其上天然植被为原始热带雨林、常绿季雨林。

4. 燥红壤

燥红壤是海南岛西南部特有土壤，分布西南部滨海岸，标高 10~60m 的平原、台地区，由五指山的屏障作用及西南部干热风影响而形成，成土母质主要为浅海沉积物，分布面积 1017.9km^2。

5. 新积土

新积土分布于南渡江、万泉河、太阳河、北门江、文兰江、昌化江、宁远河、陵水河等河流两岸及中下游地区，面积 148.4km^2，以乐东、东方两个市（县）分布面积最大，成土母质为玄武岩、花岗岩、砂页岩等，与河流的上游地质条件相关，土壤颜色为灰黄色。

6. 滨海砂土

滨海砂土分布于环岛滨海地带，一般为标高 10m 以下的沙堤沙地，分布面积 714.8km^2，以文昌、乐东、东方分布面积较大。成土母质为第四纪沉积物，土壤质地为石英砂、黏粒、粉粒，土壤颜色为灰色、灰白色、灰褐色，其上植被为人工防护林、木麻黄。

7. 石灰土

石灰土分布于昌江东方、儋州、三亚等市（县）的石灰岩分布区，面积 16.4km^2，成土母质为石灰岩。

8. 火山灰土

火山灰土分布于海口永兴、十字路，定安翰林、龙门，儋州峨蔓、木棠一带，面积 613.2km^2。成土母质为玄武质火山喷出岩，母岩为第四纪玄武岩，土壤颜色为棕色、暗棕色，土层薄，土体以黏性土为主，其植被为果林、次生灌木、有刺灌丛等。

9. 紫色土

紫色土分布于儋州、白沙的局部地区以及西南部鹦哥岭、琼中黎母山林场的低山地区，面积 299.3km^2。成土母质为砂页岩，土壤颜色为紫色或紫棕色，土层薄，土体含母岩风化碎块，其上天然植被为稀疏灌木、草丛等。

10. 冲积土

冲积土分布于南渡江、万泉河、昌化江、珠碧江等河流中下游阶地、三角洲平原，面积 732.6km^2。由河流冲积洪泛而引起。成土母质为玄武岩、花岗岩、砂页岩等，与河流的上游地质条件相关。土层深厚，土壤颜色为灰黄色。冲积土养分较为缺乏，其天然植被为矮草群落，人工植被为水稻、蔬菜等。

11. 滨海盐土

滨海盐土分布于儋州新英、文昌清澜湾滩涂地带及海口长流以西标高 10m 以下的沙堤沙地，面积 29.6km^2，成土母质为滨海沉积物。

12. 石质土

石质土分布于东方、昌江的局部地区，面积 145.1km^2，成土母质为花岗岩、砂页岩。

13. 水稻土

水稻土呈碎块状分布于区内的平原、洼地，总面积 3400.3km^2，成土母质广，各岩石（土）均有。水稻土分布地域大，在海口、文昌、琼海、定安、屯昌、澄迈、临高、琼中等市（县）低平处，面积 1279km^2；在海口、屯昌等台地边缘高坡，面积 15km^2，其成土母质主要以花岗岩、砂页岩、浅海沉积物、玄武岩为主；在海口、文昌、澄迈、临高等市（县）的台地、低坑区，面积 665km^2，其成土母质主要为浅海沉积物，土壤颜色为灰色、灰褐色；在海口、澄迈、临高、琼海、屯昌等市（县）的低洼处，分布面积 114km^2；在琼山、文昌、琼海等市（县）的蝶形低洼处，面

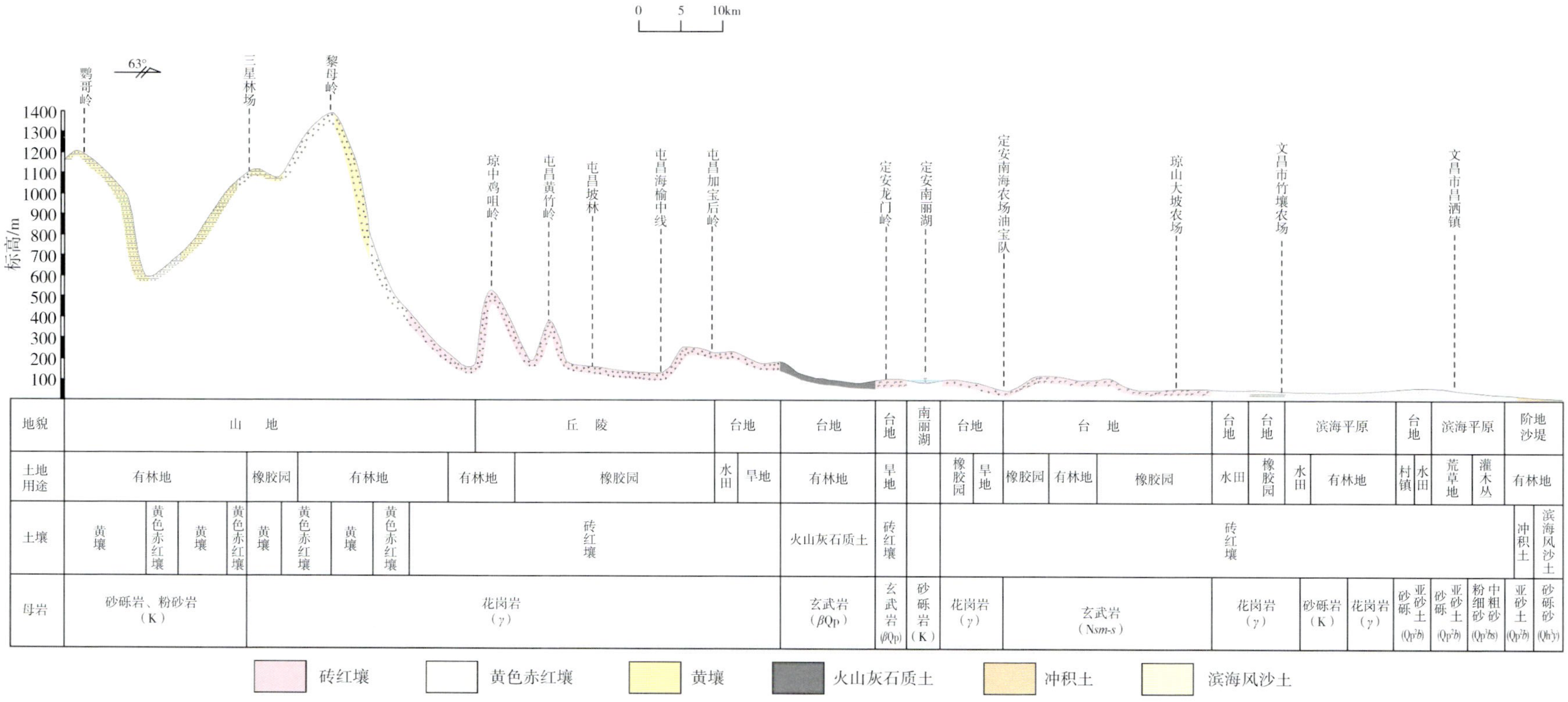

图 3-1 A—A′土壤生态剖面图

积 $42km^2$；在海口、文昌、琼海等市（县）的低丘坡脚阶地，面积 $74km^2$；在海口长流以西的沙堤部位，面积 $7km^2$，其成土母质为滨海沉积物或三角洲冲积物。

二、土壤分布特征

土壤的生态特征，受到母质、气候、地形、生物等自然因素的共同影响。海南岛属热带季风气候，地带性土壤为砖红壤，受中部地势高，四周地势低的影响，土壤呈环带状，围绕中部山地丘陵分布。

环岛近岸滨海阶地，为近代海相沉积物，一般为滨海风砂土，成土年代短，受淋溶作用微弱，富铝化过程不明显；次环带为滨海平原、台地、丘陵，为第四纪海相沉积物、火山岩、侵入岩等，为典型地带性砖红壤；环岛低山区，雨量多，湿度大，土壤含水量高，土壤类型为黄壤；水稻土分布于河流两岸和山间盆地。

土壤的分布在标高上呈现垂直分带性，其垂直分布规律与自然地貌的分布规律基本相一致。标高 800m 以上为黄壤，400~800m 之间为赤红壤，400~500m 以下为砖红壤（图 3-1）。

第二节　土壤环境地球化学特征

海南岛土壤环境地球化学调查研究工作主要集中在海南岛东北部地区（即 1∶25 万琼海县幅、海口市幅、七洲列岛幅的 $15000km^2$ 范围内），海南岛西南部地区主要收集相关资料。本节把海南岛东北部地区作为一个主要的典型地区，对其土壤地球化学特征进行解剖，在此基础上，结合收集到的全岛土壤地球化学资料，对全岛土壤进行了环境质量地球化学评价。

一、海南岛东北部地区土壤地球化学特征

土壤地球化学重点研究了土壤养分、pH 值、氧化物、微量元素含量及其分布特征。土壤养分调查，样品采自第二环境层（0~30cm 深），土壤氧化物、微量元素调查，样品主要采自第一环境层（30~60cm 深），两类样品大部分为同一采样点的不同深度，采样点分布主要考虑土壤类型及一定网度，区内共采集养分测试样品 370 个，氧化物、微量元素测试样品 332 个。为了研究微量元素纵向变化及有效态特征，在第二环境层不同类型土壤中还采集了有代表性的样品，主要分析植物所需有益元素和对环境有害元素。

（一）第一环境层土壤氧化物及微量元素特征

区内土壤氧化物及微量元素分析测试样品采自第一环境层（大部分相当于 B 层，少部分相当 C 层），分析项目为 Fe_2O_3、CaO、MgO、Al_2O_3、K_2O、Na_2O、SiO_2 7 种氧化物、27 种微量元素、pH 值。

1. 土壤氧化物及微量元素含量特征参数及背景值

土壤地球化学研究的一个重要内容就是背景值的研究。本次工作用第一环境层土壤样品来研究背景值，相对来说，该土壤层受到人类活动和工农业生产的污染较少，较能反映土壤原来固有的化学组成。截至目前，背景值的确定方法较多，有的用平均值代表背景值，有的用平均值加（减）0.5 倍、1 倍或 2 倍标准离差表示，本次根据本区的实际情况，按《地球化学普查规范》（DZ/T 0011—91）的要求，用剔除平均值加 3 倍离差以上数据后，平均值加 0.5 倍离差表示背景值。

（1）土壤氧化物含量特征参数及背景值

区内土壤氧化物含量特征参数及背景值列于表 3-2，由表可知：区内氧化物中 Al_2O_3、Fe_2O_3 含量较高，其他氧化物含量较低，这一方面是由于区内土壤母质相当一部分是基性岩、火山岩，另

一方面与土壤形成发育过程关系密切，本区土壤形成是在湿润的亚热带条件下，风化作用和元素迁移强烈，大部分盐基、硅淋失强烈，铁、铝等水化氧化物相对积聚；氧化物含量的标准离差、变异系数较大，其主要原因是土壤母质复杂，岩性变化较大，沉积岩、变质岩、基性岩、酸性岩都有。与中国、世界土壤相比，区内土壤 MgO、CaO、K_2O、Na_2O 含量明显偏低，而 Fe_2O_3 明显偏高。

表 3-2　土壤氧化物含量特征参数及背景值统计

氧化物	最大	最小	$\overline{X}$	S	$S/\overline{X}$	背景	中国$\overline{X}$	世界$\overline{X}$
SiO_2	98.88	14.53	66	20.7	0.314	76.35		70.71
Al_2O_3	31.76	0.30	13.614	7.248	0.532	17.238	12.50	13.47
Fe_2O_3	40.63	0.62	7.579	6.326	0.835	10.742	4.20	5.41
CaO	42.47	0.03	0.043	0.016	0.372	0.051	2.16	1.92
MgO	6.17	0.023	0.252	0.16	0.635	0.332	1.34	1.05
K_2O	6.06	0.018	1.14	1.192	1.046	1.736	2.24	1.64
Na_2O	50.00	0.031	0.095	0.081	0.853	0.1355	1.37	0.85

注：氧化物含量单位为%。

（2）土壤微量元素特征值及背景值

区内土壤微量元素、pH 值及背景值列于表 3-3。微量元素具有以下特征：B、Mn、As、Ba、Cd、Sr 等平均含量明显较低，Cr、V 等含量明显较高，其他微量元素含量与中国及世界土壤较为接近；与本区内水系沉积物相比，水系沉积物中 Cu、Mo、Co、Cr、Cd 含量较低，P、Mn、Pb 含量较高；对环境及农作物有害的 Hg、Cd、Pb、Cu、Zn、As 等含量平均值均未超过国家土壤环境质量标准一级自然背景的范围，说明区内土壤本底环境质量较好；微量元素含量的离差、变异系数普遍较高，变异度大部分大于 0.5，其中 Cu、Zn、B、Mo、Co、Ni、V、Ba、Sr 变异系数大于 0.7，这可能反映了区内土壤母质较复杂，不同母质发育的土壤微量元素含量差大。

表 3-3　土壤微量元素特征参数及背景值统计

元素（指标）	最大	最小	$\overline{X}$	S	$S/\overline{X}$	背景	水系沉积物$\overline{X}$	中国$\overline{X}$	世界$\overline{X}$
N	1840	70	350	180	0.514	440			
P	3278.0	40.2	243	143	0.588	314.50	394.6		
S	2766.3	14.8	141.6	83.15	0.587	183.175			
B	480.0	3.0	19.2	14	0.729	26.20		64	80
Cu	137.0	1.08	29	27	0.931	42.50	13.27	22.6	20
Zn	776.0	1.0	57	44.6	0.782	79.30	57.22	67.7	50
Mo	19.70	0.24	1.43	0.955	0.668	1.908	1.024	1.2	2.3
Mn	8365.00	27.00	297.86	288	0.967	441.86	385.5	482	850
CO	130.00	1.00	16.88	16.54	0.980	25.15	7.615	15	8
Cr	1630.00	17.40	171.7	101	0.588	222.20	38.66	82	100
Cl	542.0	19.90	65	23	0.354	76.50			
F	1320.0	96.00	233	130	0.558	298.00		420	200
As	52.17	0.10	2.75	1.87	0.680	3.685	2.6	9.2	
Hg	0.600	0.005	0.058	0.35	0.612	0.0755		0.04	0.06
Pb	135.0	6.5	21.1	10.13	0.480	26.165	24.11	25	20
Cd	2.43	0.015	0.042	0.017	0.405	0.051	0.066	0.076	0.06
Ni	785.00	2.10	28	23.5	0.839	37.75		35	40

续表

元素（指标）	最大	最小	$\overline{X}$	S	$S/\overline{X}$	背景	水系沉积物$\overline{X}$	中国$\overline{X}$	世界$\overline{X}$
Se	7.97	0.02	0.479	0.302	0.689	0.63			
Sb	9.46	0.05	0.308	0.206	0.669	0.411			
Bi	19.50	0.04	0.295	0.18	0.610	0.385			
V	631.0	4.0	110.2	92	0.835	156.2		76.4	100
Ba	2111.0	12.5	189	160	0.847	296.0		450	500
Bc	6.04	0.24	1.513	0.796	0.528	1.911			
Li	48.0	0.5	17.3	6.67	0.386	20.635			
Sr	4426.00	2.35	23.6	20.5	0.869	33.85		121	300
Ti	64846.0	253.0	3346	1865	0.557	4278.5		3800	5000
W	13.20	0.66	2.05	0.932	0.455	2.52			
pH	10.4	4.82	6.25	0.75	0.120	6.625			

注：微量元素含量单位为 mg/kg。

（3）氧化物、微量元素、pH 值的关系

为研究土壤各氧化物、微量元素、pH 值之间的关系，对所分析的土壤样品进行了 R 型聚类分析，聚类分析谱系图如图 3-2 所示。图中 7 种氧化物、27 种微量元素及 pH 大致可分为 4 类。As 与 Se、Sb 与 Cd 关系较为密切，但它们与其他元素和氧化物关系不密切。Fe_2O_3、V、Ni、Cu、Co、Cr 相关性很强（相关系数大于 0.7），反映出母质为基性火山岩土壤同时富集该类组分的特征。

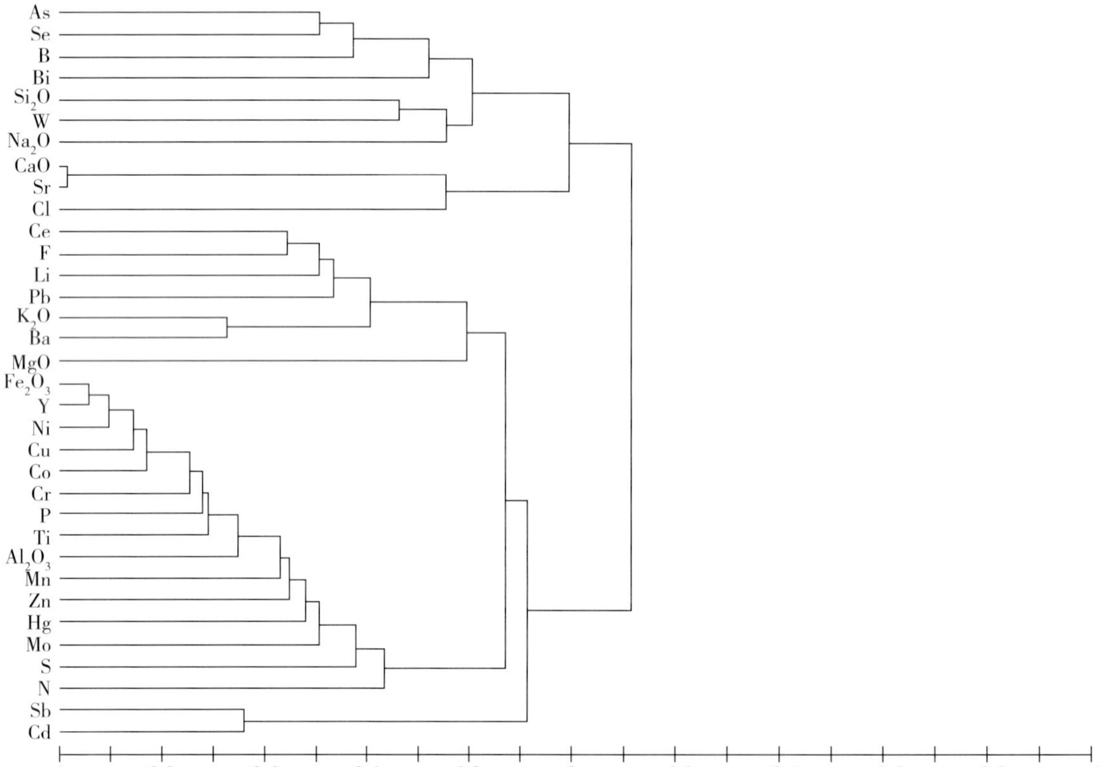

图 3-2　土壤氧化物、微量元素聚类分析谱系

2. 各类土壤氧化物、微量元素特征

根据土壤环境层微量元素统计可知，不同亚类、不同母质的土壤氧化物、微量元素含量差别很

大，母质是决定土壤元素含量的重要因素。

（1）砖红壤

砖红壤除 SiO_2 外，其他氧化物含量都高于区的平均值。农作物所需的 N、P、Cu、Zn、Mn、B、Co、S 等也高于区内平均值，但不同土属的砖红壤微量元素差别很大。在 4 个砖红壤土属中，玄武岩砖红壤 Mn、Cu、P、N、S 等含量最高，其次是花岗岩砖红壤，花岗岩砖红壤中含有较高的 Mo，浅海沉积物砖红壤除 B、Mo 外，其他农作物所需的微量元素含量最低。Fe_2O_3 含量在玄武岩砖红壤中最高，K_2O 含量则在花岗岩砖红壤中含量最高。

砖红壤中有害元素 Pb、Cd、Hg、As 含量相对较高。

（2）黄色砖红壤

黄色砖红壤 SiO_2、K_2O、MgO、CaO 等含量高于区内的平均值，Mn、S、B、N、P 等含量高于区内土壤平均值。黄色砖红壤 4 个土属中，作物所需的微量元素 Cu、Mn、P 等在玄武岩黄色砖红壤中含量最高，在花岗岩砖红壤中次之，浅海沉积物黄色砖红壤除 B 含量较高外，农作物所需的其他微量元素含量最低。

黄色砖红壤 F、As 含量高于区内土壤平均值。

（3）黄色赤红壤

黄色赤红壤氧化物中除 Al_2O_3 含量高于区内土壤平均值外，其他氧化物含量都低于区内土壤平均值，农作物所需的 Mn、Zn 含量相对较高，高于区内土壤平均值。

（4）基性火山灰土、火山灰石质土

该两亚类土壤，具有很多相似的特点：Fe_2O_3 含量较高，K_2O 含量低；作物所需的 Mn、Cu、Zn、Co、Mo、N、P 等含量丰富，其平均值都高于区内土壤平均值，其中基性火山灰土是区内作物所需元素含量最高的土壤亚类。

（5）酸性紫色土

该亚类土壤 Fe_2O_3 含量低，K_2O 含量高，作物所需的 Zn、B、P、N 含量相对较高，均高于区内土壤平均值。

（6）冲积土、滨海风砂土、酸性硫酸盐土

冲积土以 SiO_2 高含量为特点，作物所需的其他元素含量较低，其含量都低于区内土壤平均值。

滨海风砂土 CaO、Cl 含量较高，作物所需的其他元素含量较低。

酸性硫酸盐土富集 S、B、Cl，对作物有益的其他元素含量低。

（7）水稻土

区内所采集的 5 亚类水稻土样品作物所需的微量元素含量较高，其中 Mn、Co、S、B、Mo、P、N 等含量高于区内土壤平均值，Cu、Zn 含量略低于区内土壤平均值。对环境和植物有害的 Cd、As 含量略高于区内土壤平均值。

已分析的 5 亚类水稻土中，潜育型水稻土作物所需的微量元素含量较高、较均衡，其中 Mn、Co、Zn、B、Mo、P、N 等含量都高于区内土壤平均值，潴育型水稻土、脱潜育型水稻土作物所需的微量元素含量低于潜育型水稻土，渗育型水稻土、漂洗型水稻土作物所需的微量元素含量较低，尤其是漂洗型水稻土除 B 外，其他元素含量明显低于区内土壤平均值。

3. 土壤氧化物、微量元素区域分布特征

（1）作物所需氧化物、微量元素区域分布特征

根据本区土壤氧化物、微量元素含量状况，参照土壤环境地球化学及生物效应研究成果，选择作物所需的 CaO、MgO、K_2O、Fe_2O_3、N、P、Cu、Zn、Mn、B、Mo、S、Co 等组分绘制地球化学图（图 3-3），以本区土壤背景值为标准，高于背景值为氧化物、微量元素含量丰富区（地球化学图红色部分），背景值范围内为氧化物、微量元素含量中等区，低于背景值范围为氧化物、微量元

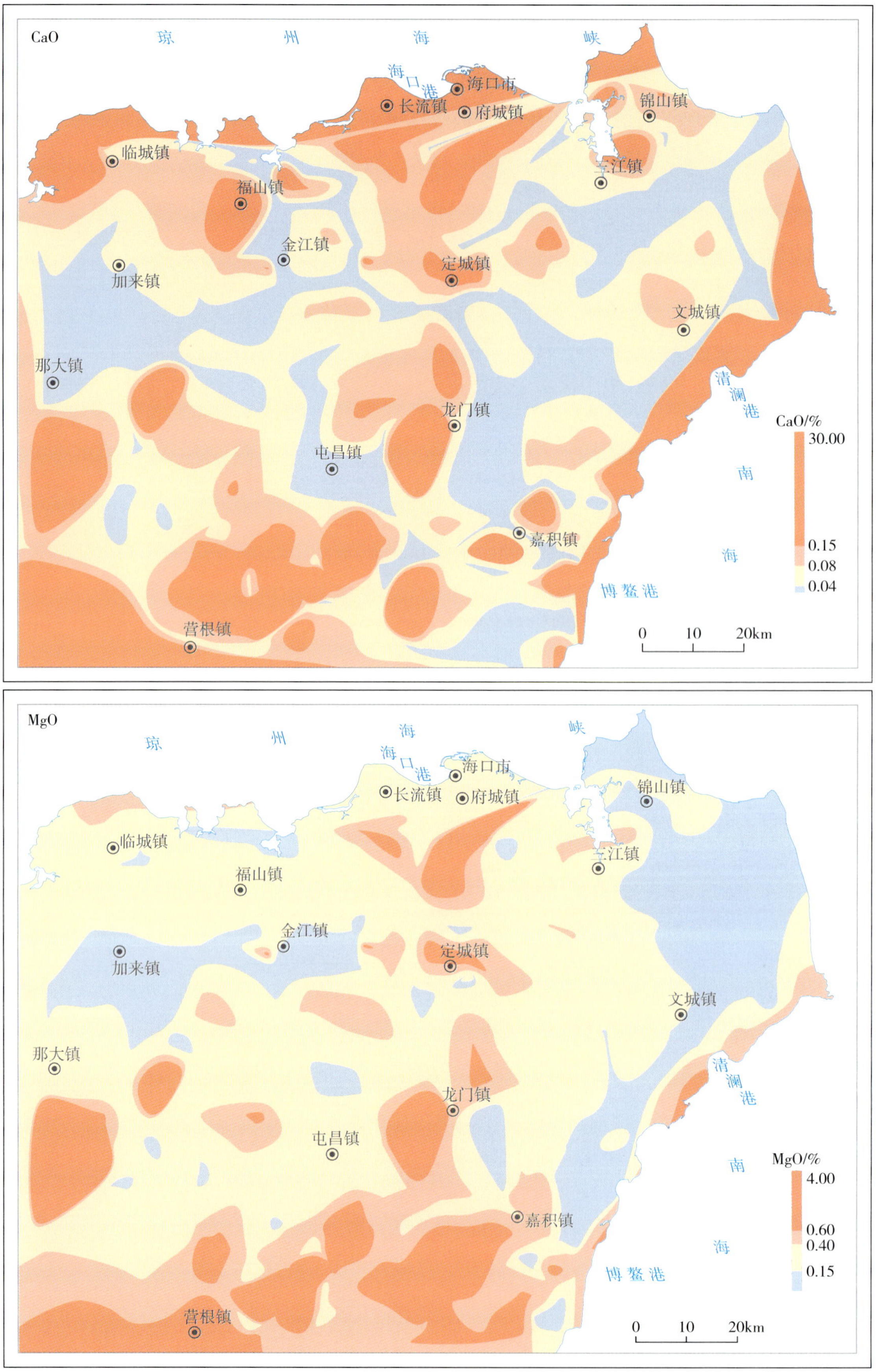

图 3-3 海南岛东北部地区 CaO、MgO、K_2O、Zn 地球化学图

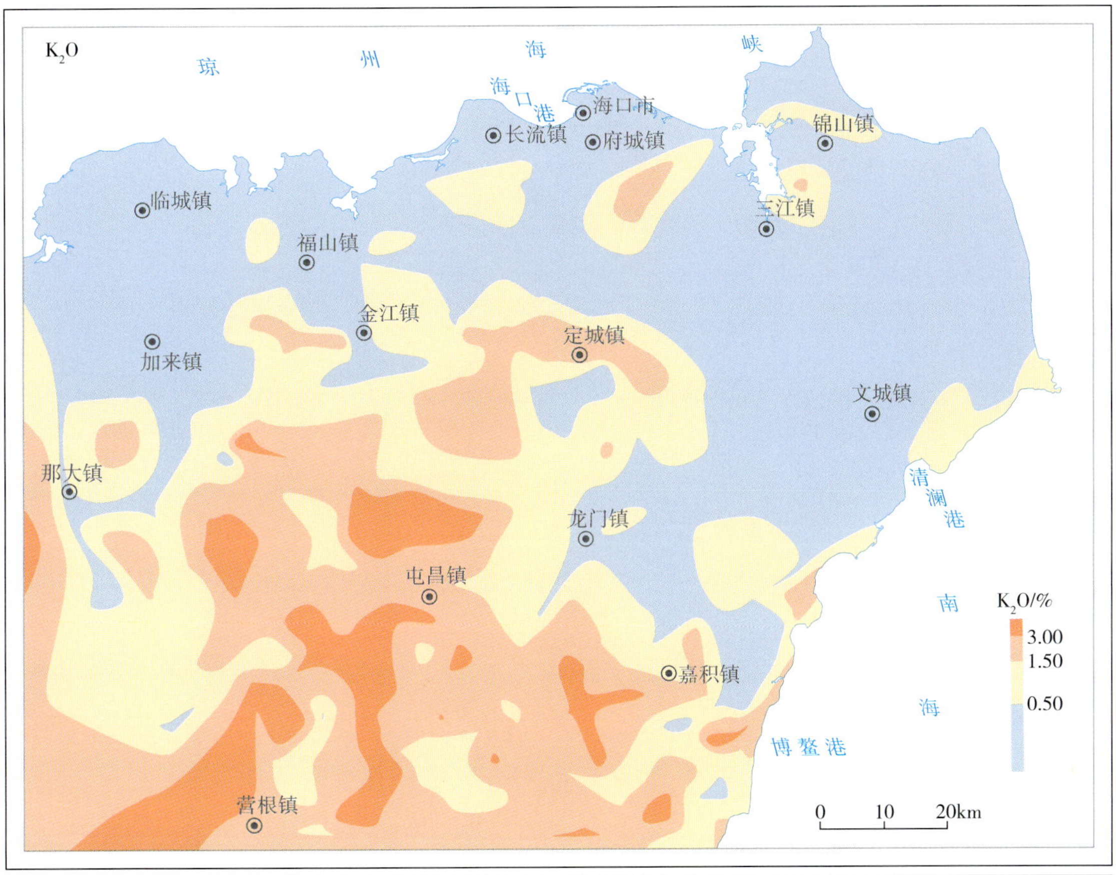

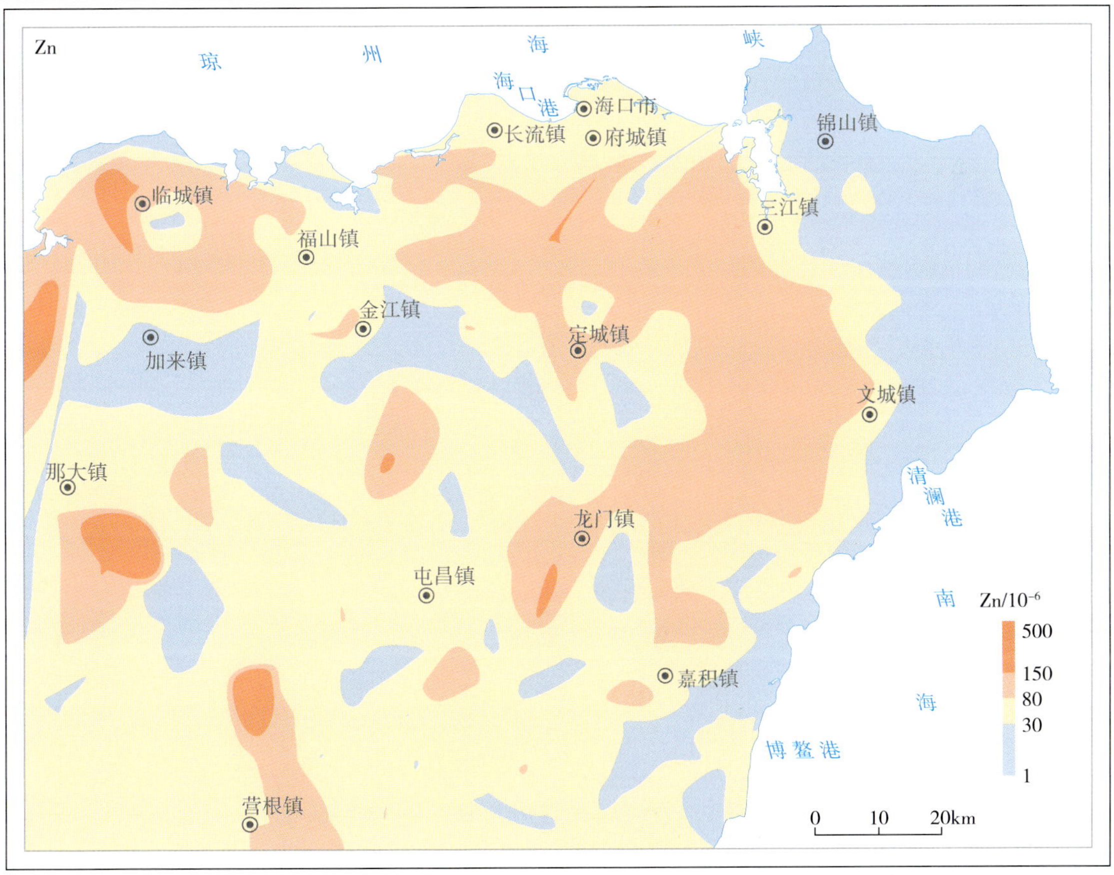

图 3-3 海南岛东北部地区 CaO、MgO、K_2O、Zn 地球化学图（续）

素缺乏区。以高于背景值为标准，分别绘制了土壤氧化物高背景值综合分布图（图 3-4）、作物所需有益元素高背景值综合分布图（图 3-5）。

图 3-4 海南岛东北部地区第一环境层土壤氧化物高背景综合分布图

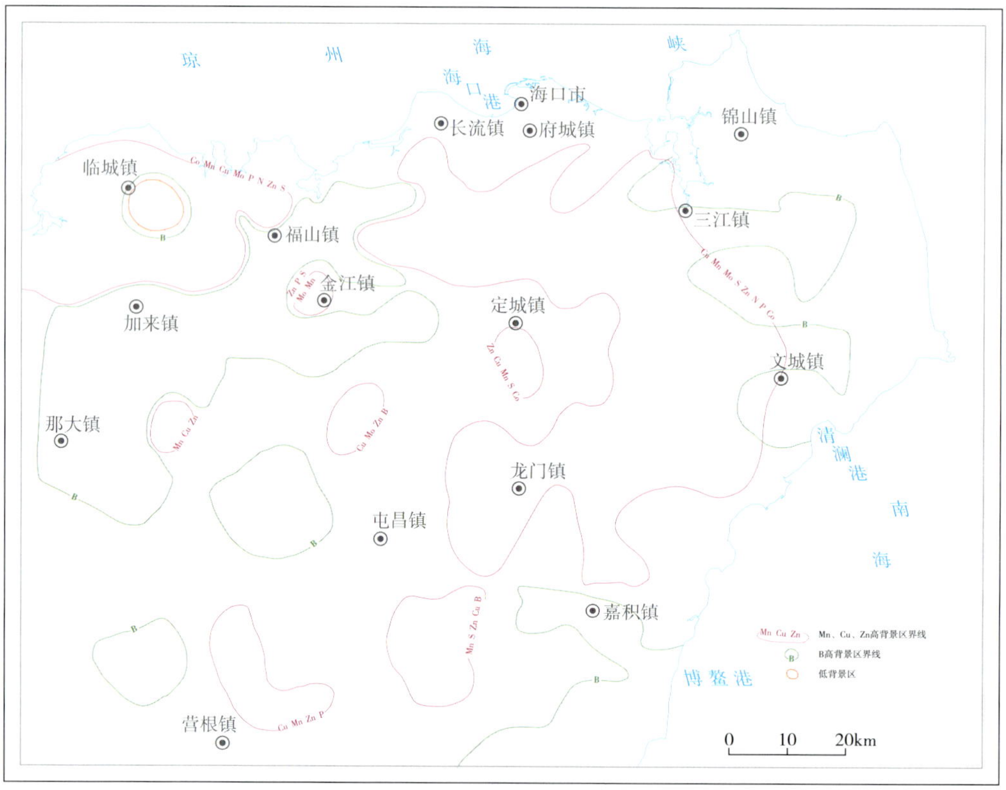

图 3-5 海南岛东北部地区第一环境层土壤有益元素高背景综合分布图

氧化物、微量元素具有以下分布特征：

1）K_2O、Na_2O 含量高背景区主要分布于土壤母质为花岗岩和砂页岩区，CaO、MgO 含量高背景区主要分布于母质为花岗岩、部分砂页岩区及沿海地区。

2）Cu、Zn、Mo、Co、S 等的分布具有相似的规律，含量高背景区主要为土壤母质为基性火山岩区，Mn 含量较低，其含量相对高背景区的分布与上述元素相似。B 含量较低，其含量高背景区与土壤及其母质关系并不十分明显，但含量高背景区主要分布于母质为浅海沉积物的土壤区。

3）马鞍岭-潭文-龙门地区及多文-新盈地区，土壤母质为基性火山岩，Fe_2O_3、Mn、Mo、Zn、Co、S、N、P 含量高。区内东南部以花岗岩母质为主的土壤分布区，K_2O、Na_2O、MgO、CaO 含量较高，局部地区有 B、Mn、Zn、S、Cu 的高含量分布。区内东北部地区，土壤母质以浅海沉积物为主，除 B 含量较高外，其他作物所需的微量元素含量较低，而沿海土壤中有较高含量的 CaO、Na_2O。

（2）对植物有害的微量元素的分布特征

Hg、Cd、Pb、As、Cr、F、Se 等对环境和作物有害，Cu、Zn 含量低了达不到作物需求，太高了对作物生长及环境有害。上述微量元素，在其地球化学图的基础上，按本区内土壤平均含量加 2 倍标准偏差为标准（即相当于地球化学图的深红色区域），根据各元素浓集区的分布特征，绘制了有害微量元素地球化学图和浓集综合分布图（图 3-6，图 3-7）。

上述微量元素浓集区分布具有以下特点：Cr、Cu、Pb 相对集中于土壤母质为基性火山岩分布区；F 主要分布于土壤母质为花岗岩及砂页岩分布区；Hg、As、Se 分布与土壤母质关系不密切；有害元素浓集区范围较小。

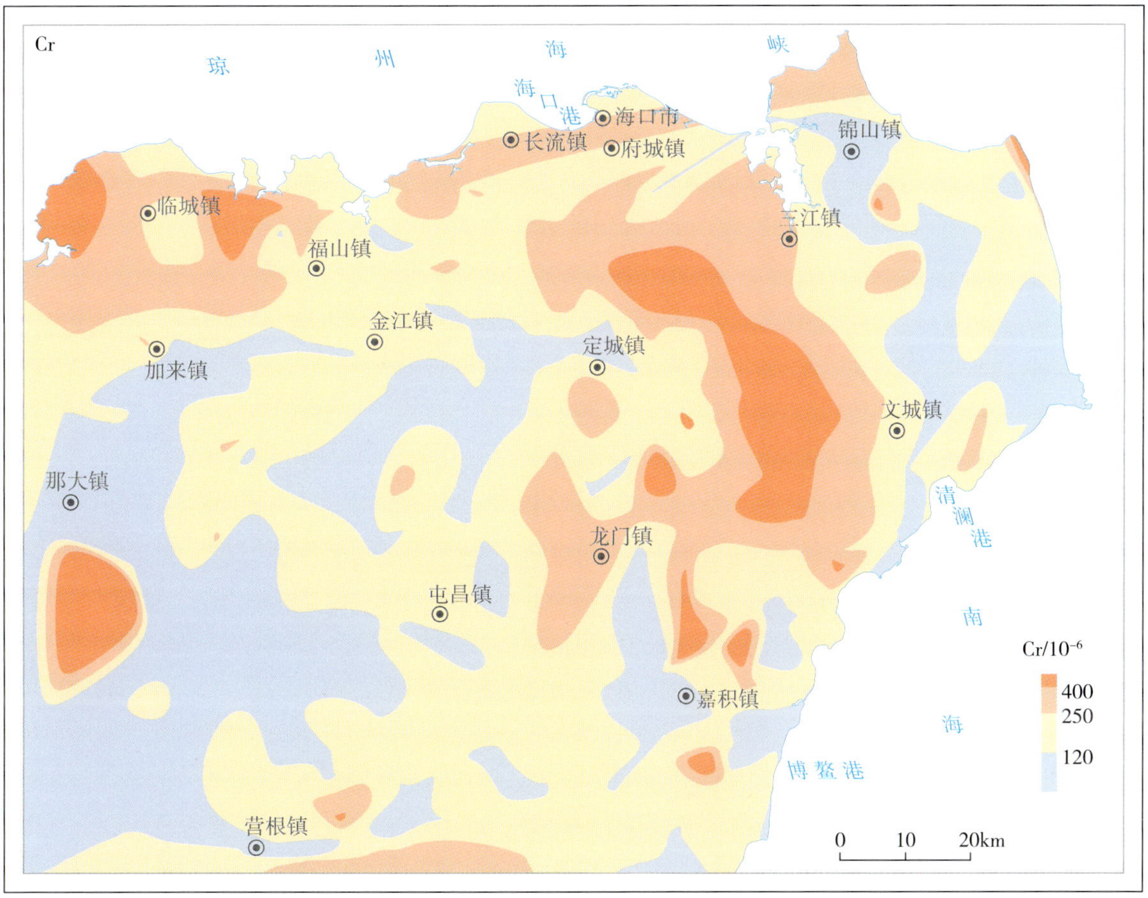

图 3-6　海南岛东北部地区 Cr、Hg 元素地球化学图

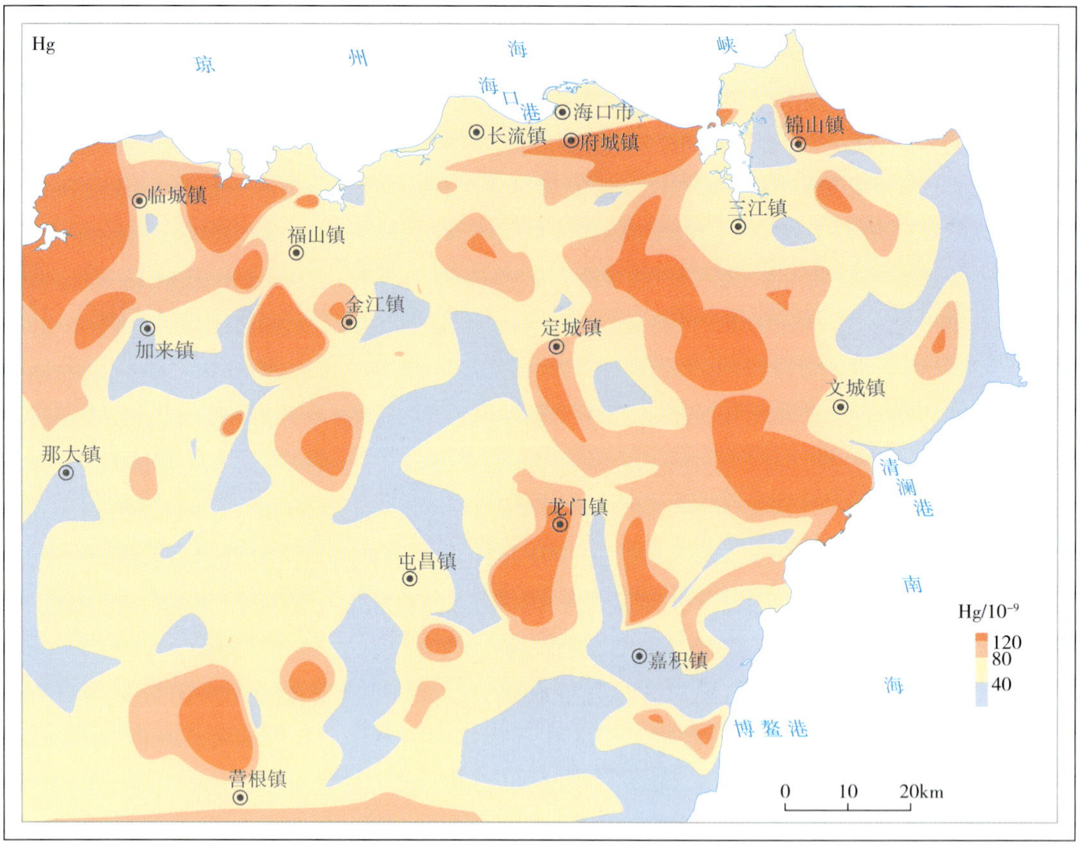

图 3-6　海南岛东北部地区 Cr、Hg 元素地球化学图（续）

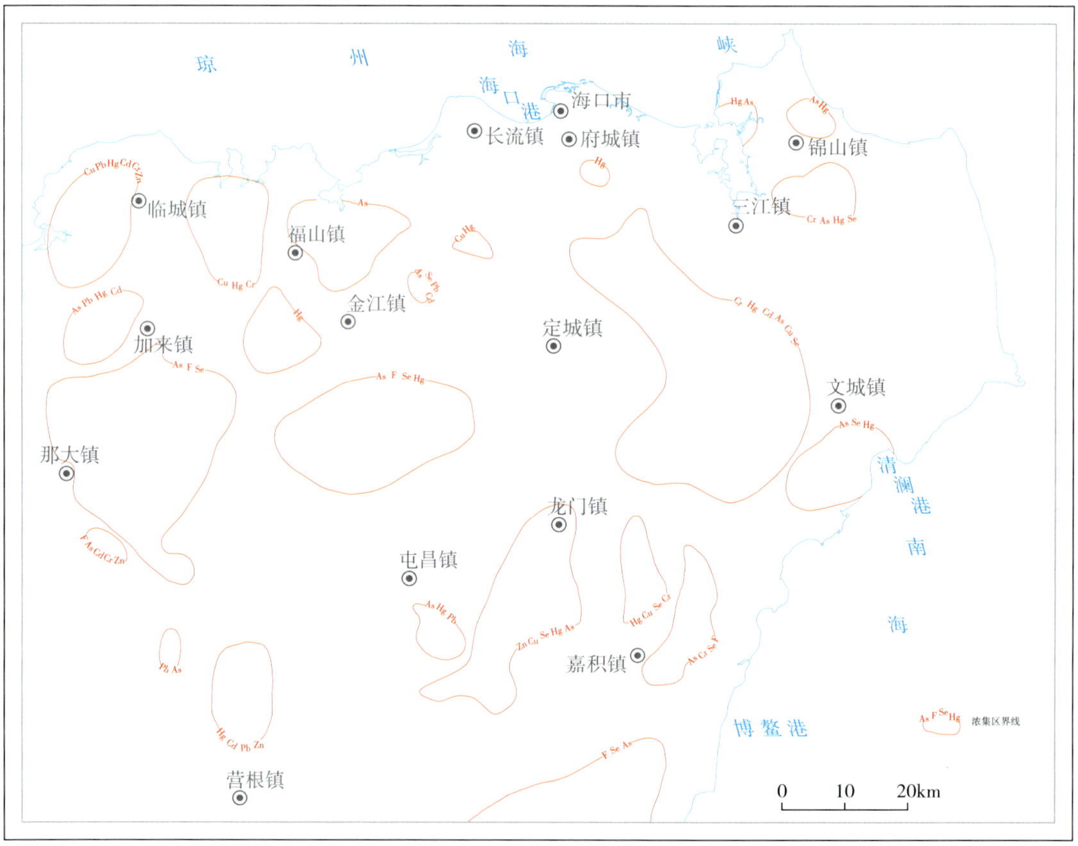

图 3-7　海南岛东北部地区第一环境层土壤有害元素浓集综合分布图

（二）第二环境层土壤微量元素特征

通过分析第二环境层30个代表性样品、15种对植物有益和对环境、植物有害的元素结果表明，第二环境层土壤微量元素具有以下特征（表3-4）。

1）区内第二环境层土壤中微量元素含量与第一环境层具有相似性：土壤中微量元素含量较低，但大部分元素含量高于第一环境层；母质为玄武岩的土壤中，Cu、Mn、Zn、Co、Ni等作物所需的微量元素相对其他土壤，含量较高，其Cr、Hg等对环境和作物有害的元素含量也较高。

2）区内第二环境层微量元素的有效态含量较低，其有效态率（有效态含量占总含量的百分比）也较低，平均为0.19%~17.17%，对作物有益的元素中，有效态率最高的是Mo（变化于6.91%~66.25%之间，一般大于20%，平均17.1%）；其次是Cu（一般大于10%，平均8.33%）；对环境和作物有害的元素中，Cr、Se、As、Hg、F、Cd等元素的有效态率较低。

3）区内第二环境层与第一环境层土壤微量元素及其有效态的相关系数（表3-4）表明，除Mo、Hg和Se外，其他第二环境层元素含量与第一环境层含量关系极为密切，表现为向第二环境层含量增高；Mo、Co、Ni、Pb等第二环境层的有效态含量与其总含量及第一环境层的总含量关系密切。

表3-4　第二环境层与第一环境层土壤微量元素及其有效态的相关系数　　单位：%

相关系数	Cu	Mo	Mn	Co	Ni	Zn	Se	Cr	Pb	Hg	As	Fe
第二环境层有效态含量与总含量	0.041	-0.025	0.771	0.833	0.450	0.001	-0.133	0.258	0.557	-0.137	-0.179	0.10
第二环境层有效态与第一环境层总含量	-0.009	0.194	0.794	0.682	0.838	-0.041	-0.116	0.433	0.490	0.003	-0.116	0.345
第二环境层总含量与第一环境层总含量	0.929	-0.091	0.899	0.663	0.694	0.732	-0.041	0.697	0.649	0.210	0.888	0.891

（三）土壤养分特征

区内第二环境层，按土壤分布和类型采集了370个土壤样品用以研究土壤的养分特征，这些样品大部分与用以研究土壤氧化物、微量元素特征的样品处于同一位置的不同深度，分析的项目有全钾、缓效钾、速效钾、全氮、氨态氮、硝态氮、全磷、速效磷、有机质、腐殖质、pH值。

1. 土壤养分的基本特征

区内养分含量、pH值特征值列于表3-5，其中$\overline{X}$为剔除平均值加3倍离差的高含量样品求得的均值。由表可知：区内土壤养平均含量不高，有机质、全氮平均含量达到四级标准，速效钾、有效磷平均含量达到五级标准，全磷平均含量为六级标准，较为缺乏；与第一环境层相比，第二环境层土壤N、P含量都较高，其平均值分别是第一环境层的163%和119%，说明第二环境层土壤富集N、P等养分；养分含量的标准离差、变异系数都较大，说明养分在区内分布不均程度较大；pH值第二环境层比第一环境层低，但其平均值都在酸性土壤范围，两环境层且只有近海边的少数样品达到碱性土壤标准。

表3-5　土壤养分特征值及pH值统计

养分（指标）	$\overline{X}$	S	$S/\overline{X}$	含量范围	
				最大	最小
全氮	0.057（0.035）	0.034（0.018）	0.596（0.514）	0.404	0.003

续表

养分（指标）	$\bar{X}$	S	$S/\bar{X}$	含量范围	
				最 大	最 小
氨态氮	12.84	9.62	0.749	335.00	0.001
硝态氮	6.02	3.4	0.565	370.00	0.90
有机质	1.20	0.656	0.547	11.53	0.15
腐殖质	0.43	0.26	0.605	4.301	0.027
全钾	0.827	0.882	1.067	6.020	0.011
缓效钾	122.0	83	0.680	2216.0	20.0
速效钾	42.6	26.9	0.631	868.0	4.0
全磷	0.029（0.0243）	0.02（0.0143）	0.690（0.587）	0.653	0.001
有效磷	5.88	5.45	0.927	408.00	0.180
pH 值	5.244（6.25）	0.527（0.75）	0.100（0.12）	9.11（10.4）	4.02（4.82）

注：括号中的数值为第一环境层土壤统计值。全氮、有机质、腐殖质、全钾、全磷含量单位为%，pH 值为 1，其他为 mg/kg。

从土壤养分、pH 值聚类分析谱系图（图 3-8，图 3-9）可知，土壤养分可分为 4 类：全磷与速效磷，氨态氮、硝态氮、全氮、有机质与腐殖质，全钾、缓效钾与速效钾，全氮、有机质、腐殖质关系密切，说明土壤中氮的来源与有机质有关。全氮与氨态氮、硝态氮，全钾与缓效钾、速效钾，全磷与速效磷都有一定的相关关系。

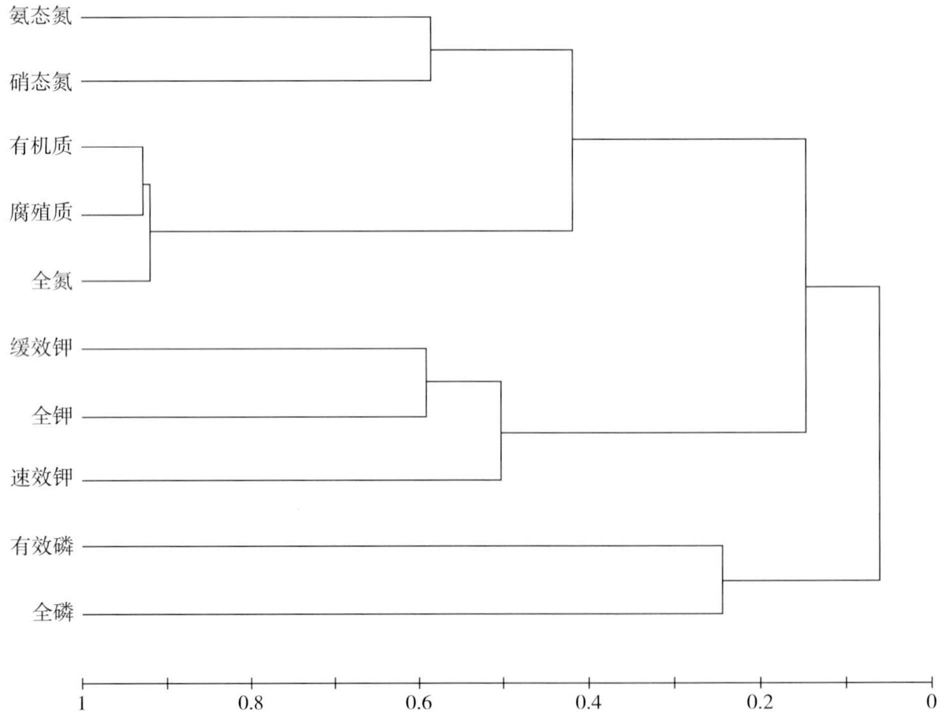

图 3-8 土壤养分聚类分析谱系图

2. 各类土壤的养分及 pH 值特征

（1）砖红壤

区内砖红壤养分、pH 值列于表 3-6。砖红壤均为酸性土，养分平均值与海南岛砖红壤较为相

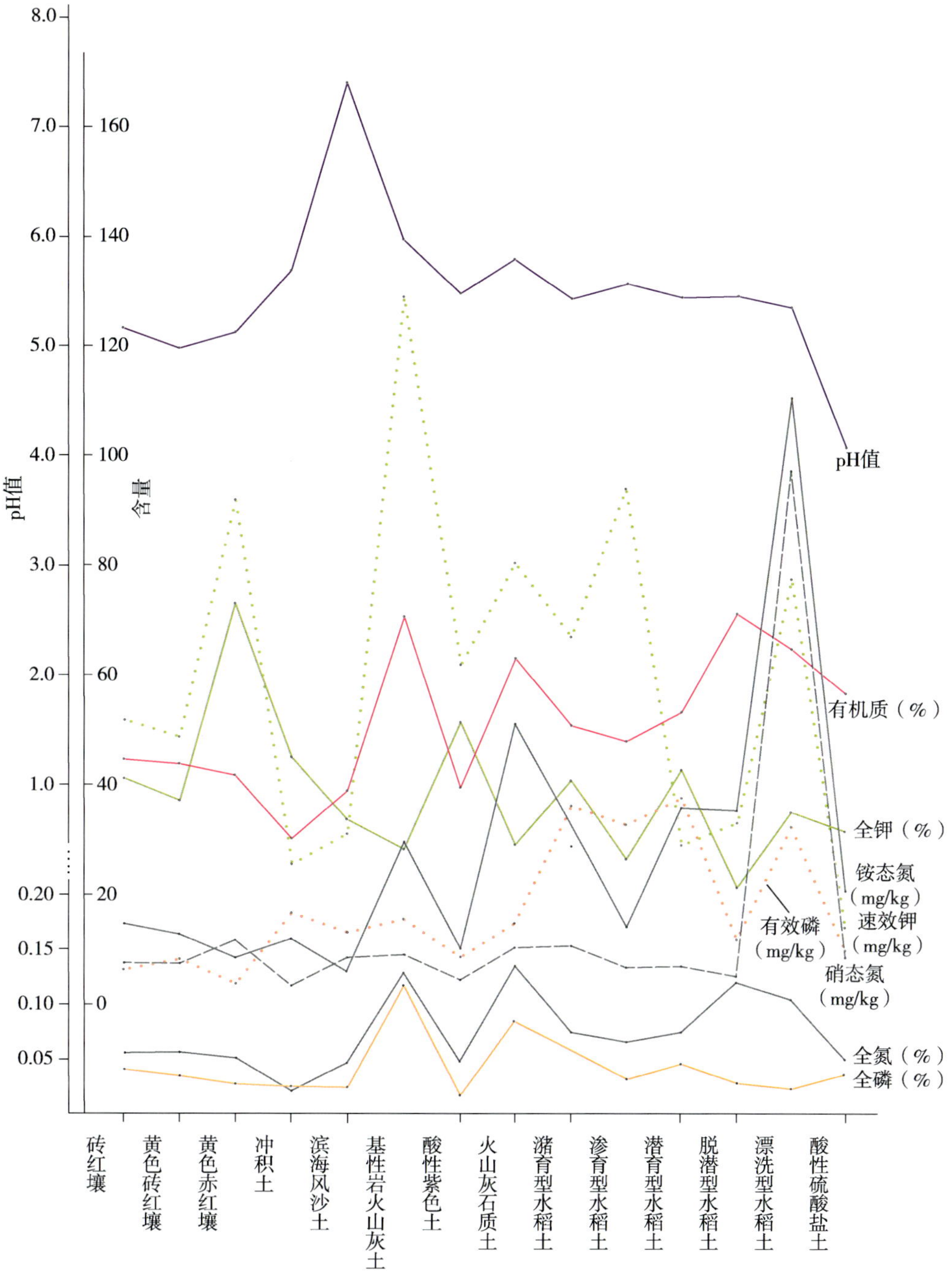

图 3-9　土壤养分含量分布曲线图

似，与区内其他土壤亚类相比，砖红壤全钾、全磷、腐殖质、速效钾、缓效钾、速效磷、氨态氮、硝态氮含量高于区内平均值。砖红壤养分与其母质关系密切：玄武岩砖红壤、花岗岩砖红壤养分含量较高，浅海沉积物砖红壤养分含量最低；全氮、全磷、硝态氮、有机质、腐殖质含量由高至低依次是玄武岩砖红壤、花岗岩砖红壤、砂页岩砖红壤、浅海沉积物砖红壤；速效钾、缓效钾、全钾含量以花岗岩最高，其次为玄武岩砖红壤、砂页岩砖红壤、浅海沉积物砖红壤。

（2）黄色砖红壤

黄色砖红壤的养分（表 3-7）特征主要是：区内玄武岩黄色砖红壤、花岗岩黄色砖红壤养分含量高，浅海沉积物黄色砖红壤养分含量最低。与整个海南岛黄色砖红壤相比，区内黄色砖红壤养分含量较低。

表 3-6　砖红壤养分、pH 值统计

土　属	样品数	氨态氮	硝态氮	有效磷	速效钾	缓效钾	有机质	腐殖质	全氮	全磷	全钾	pH 值
	个	含　量/(mg·kg⁻¹)					含　量/%					
玄武岩砖红壤	42	23.465	9.5	5.9	61.0	115.5	1.84	0.641	0.084	0.0859	0.24	5.09
花岗岩砖红壤	71	10.129	8.4	8.0	66.2	411.0	1.26	0.423	0.055	0.0296	2.131	5.20
砂砾岩砖红壤	35	16.29	5.3	4.5	34.3	108.8	0.89	0.315	0.041	0.0256	0.024	4.95
浅海沉积物砖红壤	30	11.037	5.1	5.0	25.2	60.0	0.76	0.240	0.034	0.0226	0.181	5.39
区内砖红壤平均值	178	14.706	7.5	6.3	51.8	222.7	1.24	0.422	0.056	0.0409	1.060	5.16
海南岛砖红壤平均值	2168			7.5	67.5		1.760		0.076	0.067	1.79	

表 3-7　黄色砖红壤养分、pH 值统计

土　属	样品数	氨态氮	硝态氮	有效磷	速效钾	缓效钾	有机质	腐殖质	全氮	全磷	全钾	pH 值
	个	含　量/(mg·kg⁻¹)					含　量/%					
玄武岩黄色砖红壤	7	33.443	9.7	6.0	64.3	96.4	1.96	0.736	0.091	0.0946	0.141	4.91
花岗岩黄色砖红壤	17	16.519	9.2	8.6	68.6	345.2	1.23	0.449	0.058	0.029	1.356	5.09
砂页岩黄色砖红壤	29	9.848	6.5	8.8	38.2	116.6	1.07	0.478	0.052	0.295	0.827	4.86
浅海沉积物黄色砖红壤	8	8.183	6.1	7.7	25.3	71.8	0.75	0.377	0.034	0.0096	0.436	5.23
区内黄色砖红壤平均	59	12.672	7.6	8.3	48.7	125.5	1.19	0.490	0.057	0.0351	0.858	4.98
海南岛黄色砖红壤平均	268			9.1	67.4		1.78		0.079	0.055	1.89	

(3) 黄色赤红壤

区内黄色赤红壤养分含量中等（表 3-8），但全钾和缓效钾含量较高，分别达到 2.68%和 1210.5mg/kg，这与区内黄色赤红壤的母岩绝大部分是花岗岩有关。

表 3-8　黄色赤红壤养分统计

地　区	样品数	氨态氮	硝态氮	有效磷	速效钾	缓效钾	有机质	腐殖质	全氮	全磷	全钾	pH 值
	个	含　量/(mg·kg⁻¹)					含　量/%					
测　区	4	8.382	11.9	3.8	92.2	1210.5	1.09	0.35	0.051	0.0275	2.680	5.13
海南岛	40			8.9	104		3.03		0.138	0.035	1.2	

(4) 基性火山灰土、火山灰石质土

该两亚类土养分（表 3-9）丰富，有机质、腐殖质、有效磷、全氮、全磷含量高，虽然全钾含量低，但速效钾、缓效钾含量较高。

表 3-9　基性火山灰土、火山灰石质土养分统计

土壤亚类	样品数	氨态氮	硝态氮	有效磷	速效钾	缓效钾	有机质	腐殖质	全氮	全磷	全钾	pH 值
	个	含　量/(mg·kg^{-1})					含　量/%					
基性火山灰土	13	28.639	8.3	20.1	127.2	231.8	2.55	1.010	0.130	0.1267	0.348	6.00
火山灰石质土	7	53.486	10.7	14.5	77.4	153.4	2.26	1.015	0.143	0.0818	0.457	5.86

(5) 酸性紫色土

酸性紫色土养分含量见表 3-10，钾和缓效钾含量较高，与海南全岛相比，区内酸性紫色土的其他养分含量均较低。

表 3-10　酸性紫色土养分统计

地　区	样品数	氨态氮	硝态氮	有效磷	速效钾	缓效钾	有机质	腐殖质	全氮	全磷	全钾	pH 值
	个	含　量/(mg·kg^{-1})					含　量/%					
测区	4	9.750	4.40	8.70	62.00	405.00	0.97	0.359	0.046	0.0148	1.590	5.48
全岛平均	14			9.8	68.20		2.40		0.120	0.062	1.85	

(6) 冲积土、滨海风砂土、酸性硫酸盐土

区内冲积土、滨海风砂土、酸性硫酸盐土分布面积较小，所采集分析的样品较少，其养分含量及 pH 值统计于表 3-11。

表 3-11　冲积土、滨海风砂土、酸性硫酸盐土养分统计

土壤亚类	样品数	氨态氮	硝态氮	有效磷	速效钾	缓效钾	有机质	腐殖质	全氮	全磷	全钾	pH 值
	个	含　量/(mg·kg^{-1})					含　量/%					
冲积土	7	11.986	3.4	16.8	25.6	118.4	0.50	0.131	0.021	0.0257	1.263	5.69
滨海风砂土	11	5.800	8.5	13.10	31.0	124.7	0.94	0.336	0.047	0.0258	0.684	7.41
酸性硫酸盐土	1	20.1	7.8	10	15	484	1.83	0.75	0.048	0.037	0.57	4.07

冲积土主要分布于河流阶地和三角洲平原，土壤成壤年龄短，生物作用少，养分缺乏，全氮、有机质、腐殖质含量在全区内最低。

滨海风砂土主要分布于滨海阶地，养分含量低，尤其是有机质、腐殖质、氮，其含量仅高于冲积土，该类土为中性—碱性，pH 值最高 9.02，平均 7.41，是区内唯一的碱性土。

酸性硫酸盐土分布于红树林滩涂地带，是区内唯一的强酸性土，pH 值为 4.07。土壤有机质、腐殖质含量高，全钾含量虽略低，但缓效钾含量高，是区内缓效钾含量最高的土壤（达 484mg/kg），其他养分含量低。

(7) 水稻土

水稻土共有 7 个亚类，其中 5 个亚类分析了养分含量（表 3-12），与全岛相比，区内水稻土全磷、全钾、全氮、有机质含量比较低，有效磷、有效钾含量较高，说明区内磷、钾能被作物吸收的量较高。与区内坡地土壤相比，区内水稻土全磷、全氮、有机质、缓效钾、有效磷、氨态氮、硝态氮平均含量都高于区内土壤平均值。

不同亚类的水稻土养分含量有较大差别：渗育型水稻土的成土母质主要为浅海沉积物，土壤养分含量相对较低，尤其是有机质、全氮、氨态氮含量是区内最低的水稻土；潴育型水稻土、潜育型水稻土各种养分含量较高，较均衡，是区内较好的水稻土。

表 3-12　水稻土养分统计

土壤亚类	样品数	氨态氮	硝态氮	有效磷	速效钾	缓效钾	有机质	腐殖质	全氮	全磷	全钾	pH 值
	个	含　量/(mg·kg⁻¹)					含　量/%					
潜育型水稻土	30	28.583	10.18	36.3	67.0	214.8	1.55	0.548	0.075	0.0575	1.052	5.49
渗育型水稻土	14	13.957	6.7	32.8	94.2	184.8	1.40	0.525	0.065	0.0325	0.307	5.57
潴育型水稻土	5	35.574	7.1	37.8	28.8	253.2	1.66	0.586	0.075	0.042	1.152	5.44
晚潜育型水稻土	2	35.1	5.0	11.7	33	53	2.56	0.875	0.12	0.029	0.052	5.46
洗漂型水稻土	4	110.50	97.3	32.2	77.5	224.0	2.25	1.221	0.105	0.227	0.760	5.35
区内水稻土平均	55	31.705	15.5	34.3	70.0	205.4	1.61	0.607	0.076	0.0466	0.814	5.46
全岛平均	3702			9.00	44.00		2.34		0.099	0.063	1.19	

3. 土壤养分的区域分布特征

按养分类型及其有效态分布情况，海南岛土壤各类养分的分布特征如下：

(1) 全氮、氨态氮、硝态氮

全氮高含量区主要位于区内的琼山马鞍岭—琼海大路及临高多文—临城，其土壤母质为玄武岩，其次是位于松涛水库北部的双钳岭—大岭地段，其土壤母质为沉积岩，位于区内东北部土壤母质为浅海沉积物地段的全氮含量低。氨态氮和硝态氮的高含量分布区与全氮有一定差别，其与土壤母质关系并不十分密切，氨态氮高含量区主要分布于区内的中北部，区内的东北部、西部及南部地区含量很低，硝态氮高含量区零星分布于区内。第一环境层土壤全氮的分布特征与第二环境层相似。

(2) 全磷、有效磷

全磷高含量区与全氮高含量区具有相似性：主要分布于土壤母质为玄武岩地区，高含量分布范围比玄武岩范围宽，有效磷的分布与土壤母质关系不密切。第一环境层与第二环境层土壤全磷具有相似的分布特征。

(3) 全钾、缓效钾、速效钾

全钾含量与土壤母质关系非常密切，高含量区集中分布于新坡—加来以南的土壤母质为花岗岩及部分砂页岩的地区。缓效钾与全钾的分布特征具有一定的相似性，高含量区主要集中于新坡—加来以南的土壤母质为花岗岩的地区，但缓效钾在其他地区也有小范围的高含量区呈孤岛状分布。速效钾的分布与土壤母质的关系不密切，高含量区范围较小，呈孤岛状分布除土壤母质为浅海沉积物以外的各个地区。

(4) 有机质、腐殖质

与全氮的分布特征相似，有机质、腐殖质高含量分布区主要为土壤母质为玄武岩的地区，说明土壤母质对其形成的土壤有机质、腐殖质分布状况有很大的影响。

以区内养分平均值加 0.5 倍离差为标准，划分出每种养分的高含量区（相当于地球化学图中的深红色和浅红色区域，图 3-10），在综合各种养分分布特征的基础上，绘制土壤养分高含量综合分布图（图 3-11）。由图可知：区内马鞍岭—潭文—龙门地区及福山—新盈地区，母质为基性火山岩的土壤，腐殖质、有机质、氨态氮、全磷含量高，局部还有硝态氮、速效钾、有效磷高含量分布；区内西南部母质为花岗岩、部分砂页岩的土壤全钾、缓效钾含量高，局部还有腐殖质、有机质、全氮、硝态氮、有效磷的高含量分布；区内东部及东南部，主要分布母质为浅海沉积物的土壤及滨海风砂土，除局部有效磷含量较高外，养分含量很低。

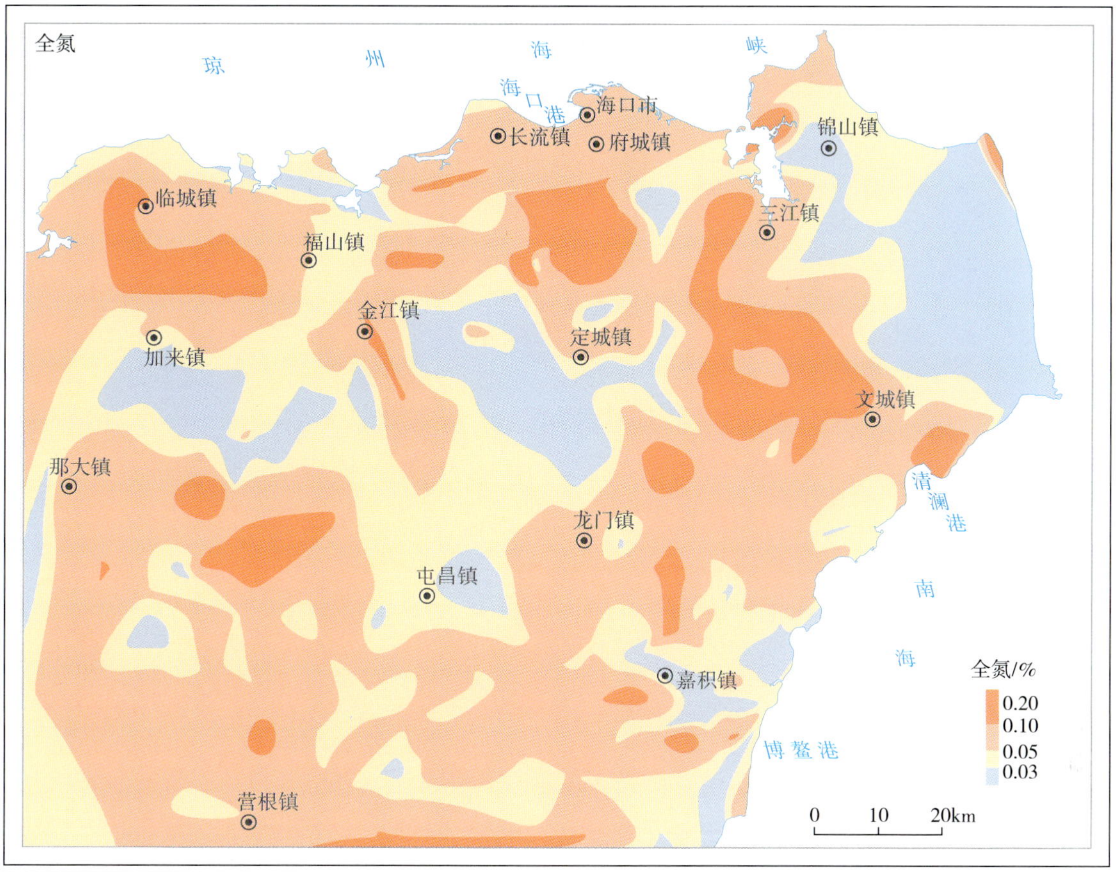

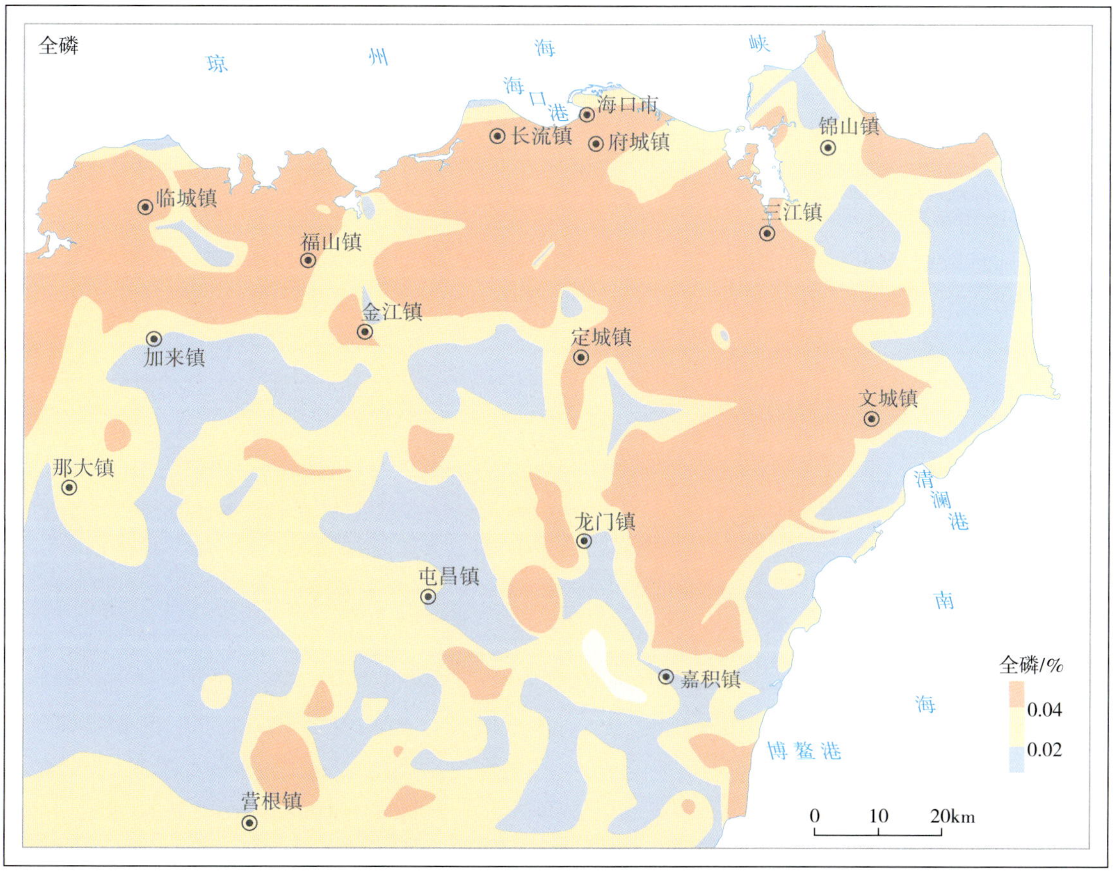

图 3-10　海南岛东北部地区土壤养分全氮、全磷、全钾、有机质图

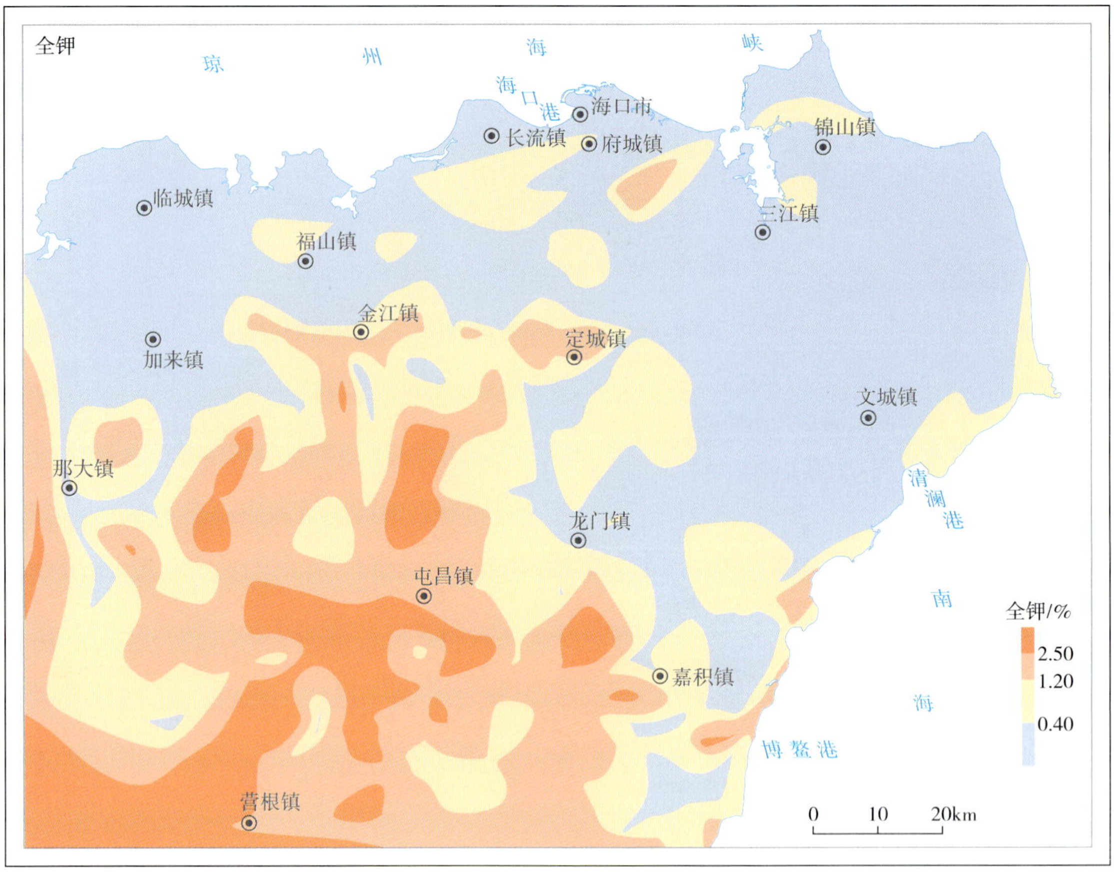

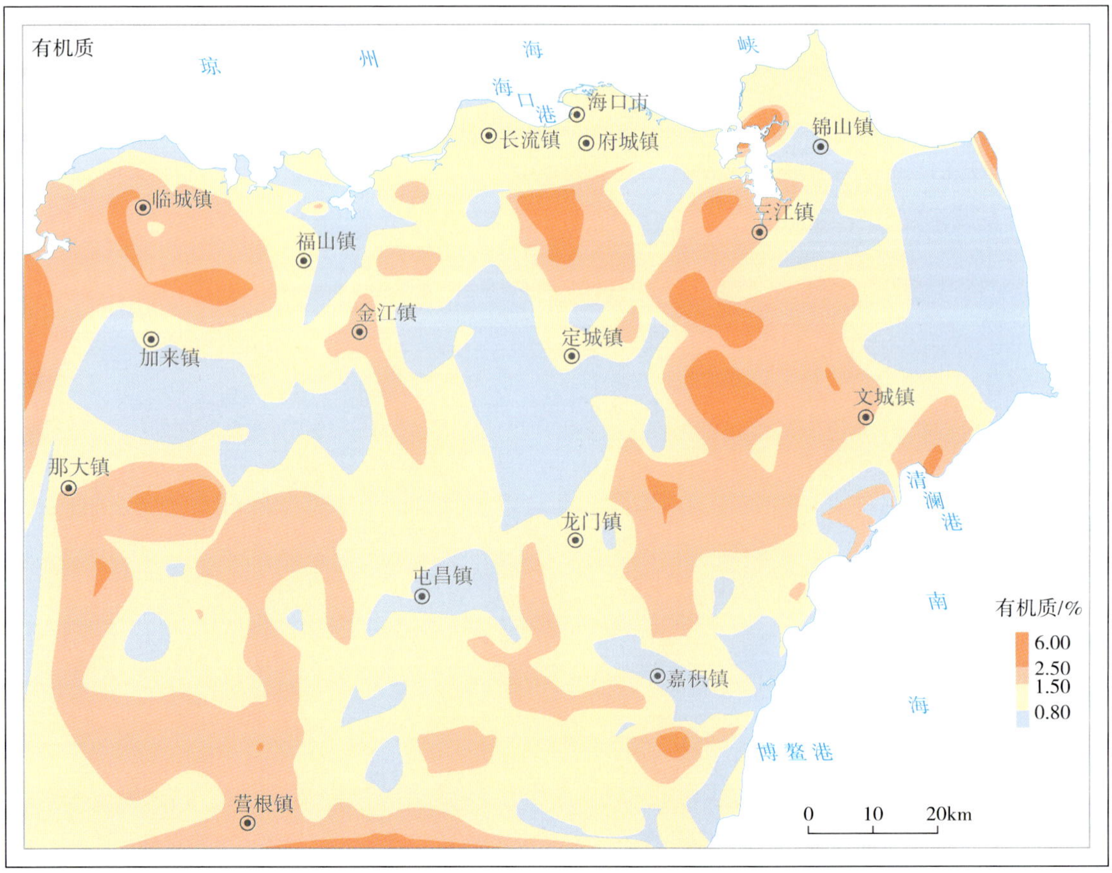

图 3-10 海南岛东北部地区土壤养分全氮、全磷、全钾、有机质图（续）

图 3-11 海南岛东北部地区土壤养分高背景综合分布图

二、海南岛土壤环境质量的地球化学评价

从地球化学角度研究土壤环境质量，主要有两个方面：一是土壤作物所需的养分；二是土壤中对环境和作物有害组分（主要是重金属元素）情况。本次综合研究工作主要也是从这两个方面进行评价。

（一）土壤农业质量地球化学评价

海南岛土壤养分含量总体不高（表 3-13），大部分养分全量仅达到四、五、六级。土壤养分含量高低与成土母岩关系密切，严格地说，除有机质和氮素外，土壤中其他养分均来自母质，而有机质和氮素的积累，也深受母质的影响。从全岛不同母质土壤养分统计（表 3-14）可以看出：有机质和全氮含量以玄武岩、火山灰成土的为最高，其次是砂页岩、花岗岩，而海相沉积物为最低，这表明了有机质和氮素的积累深受母质影响；全磷的含量以火山灰、玄武岩成土最高，其次是砂页岩、花岗岩，海相沉积物为最低，其他母质的全磷含量并无明显差异；全钾含量以花岗岩、砂页岩成土的含量最高，这与其富含石英、长石、云母及角闪石等矿物有关，而火山灰、玄武岩成土的却较低；速效钾含量则以火山灰成土的最高，花岩岗次之，砂页岩仍属较乏之列。

表 3-13 海南岛土壤养分含量对比

土壤类型	样品数/个	有机质/%	全氮/%	全磷/%	全钾/%	速效磷/($mg \cdot kg^{-1}$)	速效钾/($mg \cdot kg^{-1}$)
砖红壤	2168	1.76	0.076	0.067	1.79	7.4	67.5
赤红壤	110	3.24	0.147	0.059	2.32	10	129
黄　壤	41	4.15	0.211	0.048	2.08	15.7	90
燥红壤	56	0.96	0.046	0.037	1.60	5.3	114.7
新积土	147	0.81	0.045	0.061	3.69	13.9	66.3
滨海砂土	42	0.44	0.026	0.022	1.47	5.7	25
石灰土	11	2.59	0.129	0.116	2.11	12.3	240
火山灰土	31	3.75	0.164	0.397	0.85	24.3	82.7
紫色土	32	2.22	0.111	0.055	1.61	8.8	181.2
石质土	7	2.38	0.059	0.116	0.83	6.6	92
滨海盐土	14	2.84	0.125	0.038	1.57	14.7	117.8
水稻土	3702	2.34	0.099	0.063	1.59	9.8	43.8

表 3-14 海南岛不同母质土壤养分含量关系

母质	有机质/%		全氮/%		全磷/%		全钾/%		速效磷($mg \cdot kg^{-1}$)	速效钾($mg \cdot kg^{-1}$)
	第二环境层	第一环境层	第二环境层	第一环境层	第二环境层	第一环境层	第二环境层	第一环境层	第二环境层	第二环境层
玄武岩	2.78	1.73	0.108	0.065	0.154	0.135	0.33	0.24	7.8	48.2
花岗岩	1.64	0.96	0.062	0.039	0.035	0.034	1.66	1.63	6	63.6
砂页岩	2.16	1.19	0.084	0.052	0.046	0.040	1.12	1.19	5.9	43
浅海沉积物	1.09	0.59	0.043	0.03	0.027	0.025	0.52	0.24	7.4	23.0

海南岛东北部地区土壤地球化学特征研究表明，母质为基性火山岩的土壤作物所需的 Cu、Zn、Mo、S、Co、N、P 等含量丰富；水稻土 Mn、Co、Mo、S、P、N、B 含量也较丰富，母质为花岗岩的土壤上述元素的含量中等；冲积土、滨海风砂土及母质为浅海沉积物的土壤作物所需的微量元素含量很低，只是 B 在母质为浅海沉积物及滨海风砂土的土壤中含量较高。

综上所述，海南岛内母质为基性火山岩的土壤农业地球化学质量好，含有相对较丰富的 N、P、有机质、腐殖质、Fe、Cu、Zn、Mn、Mo、Co 等，但相对缺 K；水稻土农业地球化学质量次之；母质为花岗岩、砂页岩的土壤 K、Na、Ca、Mg 含量较高，局部地段 B、Mn、Zn、Co、Cu、N、有机质含量较高，农业地球化学质量较好；母质为浅海沉积物的土壤除 B 含量较高外，其他作物所需的养分、微量元素等含量很低，土壤农业地球化学质量较差；冲积土壤农业地质化学质量最差。

（二）土壤环境质量地球化学评价

土壤环境质量地球化学评价重点研究土壤重金属及 As、Se、F 等有害元素其含量统计见表 3-15。

根据统计资料综合分析，全岛土壤本底（第一环境层）有害元素含量不高，其平均值除 Cr 外，均低于国家土壤环境质量一级标准（Cr 为一级标准）限量，土壤本底环境质量较好。

从岛东北部地区可以看出，第二环境层有害元素高于第一环境层，但其含量除 Cr 为国家土壤环境质量二级标准限量外，其他元素含量也低于国家土壤环境质量一级标准的限量，且其有效态率很低，说明土壤环境质量的现状较好。

表 3-15　土壤有害微量元素统计

元素（指标）	《土壤环境质量标准》（GB 15618—2018）					海南岛东北部地区						全岛
						第一环境层（总量）			第二环境层			平均值
	一级	二级			三级	最高	最低	平均值	最高	最低	平均值	
pH	自然背景	<6.5	6.5~7.5	>7.5	>6.5	10.4	4.82	6.25	9.11	4.02	5.24	
镉	≤0.20	0.30	0.30	0.60	1.0	2.43	0.015	0.042				0.040
汞	≤0.15	0.30	0.50	1.0	1.5	0.600	0.005	0.058	0.172	0.017	(0.001) 0.078	0.048
砷 （水田旱地）	≤15 ≤15	30 40	25 30	20 25	30 40	52.17	0.10	2.75	25.57	1.26	(0.081) 7.169	7.50
铜 （农田等果园）	≤35 ≤35	50 150	100 200	100 200	400 400	137.0	1.08	29	739	4.7	(2.54) 30.477	19.3
铅	≤35	250	300	350	500	135.0	6.5	21.10	43.3	4.02	(3.229) 24.574	28.4
铬 （水田旱地）	≤90 ≤90	250 150	300 200	350 250	400 300	1630.0	17.40	171.7	940.7	56.9	(0.275) 271.72	76.4
锌	≤100	200	250	300	500	776.0	1.00	57.00	296.0	9.3	(4.704) 83.967	60.0
硒						7.97	0.02	0.479	5.65	<0.02	0.661	0.27
氟						1320.0	96.00	233	660	54.0	(7.22) 216.72	299

注：括号内为有效态平均值。元素含量单位为 mg/kg，pH 值量纲为 1。

不同类型的土壤环境质量有一定的差别，母质为基性火山岩的土壤 Cr、Hg、Cu、Cd 含量相对较高，分布有面积较大的有害元素浓集区，其他类型的土壤有害元素浓集区只在局部存在，且有害元素组合较单一，相对来说，环境质量较好。

第三节　土地开发利用与评价

一、土地利用现状

海南岛土地利用现状可划分为灌溉水田、旱地、果园（茶园）地、橡胶园地、有林地、疏林地（灌木地）、迹地、草地、城镇、农村居民点、荒草地、水库、湖泊、滩涂（礁、暗礁、干出礁）、独立工矿用地、铁路、高速公路、主要公路等（图 3-12）。

（一）水田

灌溉水田分布于环岛海积平原、河流冲积平原、中部的山间谷地、山间平原，面积 3400.3km^2。其中，海积平原、河流冲积平原成片分布，面积较大，中部的山间谷地、山间平原零星分布，中部低山、丘陵区，仅在山间谷地局部分布。

（二）旱地

旱地主要分布于滨海平原向丘陵低山过渡地带的台地区琼北火山岩盆地、定安的火山岩台地玄武岩台地区，主要土壤类型为玄武岩砖红壤、花岗岩砖红壤，分布面积 2045km^2。

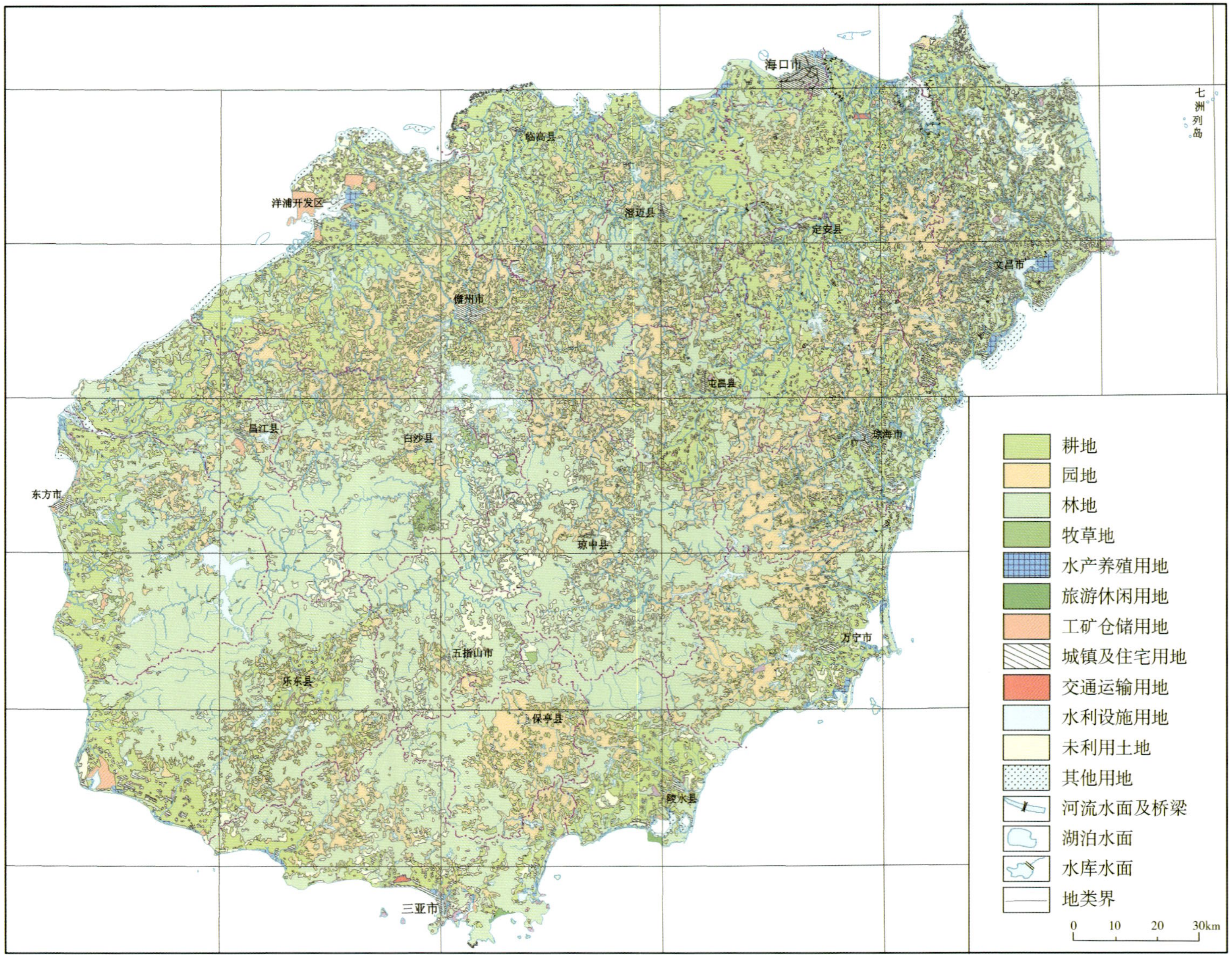

图 3-12　海南岛土地利用现状图

（三）果园地

果园种植玉米、甘蔗、果树等经济作物，主要分布于海南岛火山岩台地及低丘区，土壤类型主要为火山灰石质土，种植荔枝、龙眼、菠萝蜜等果树，分布面积375km^2。由于近年开展农业结构调整，大力发展热带种植业，一些有林地、疏林地、旱地正开辟成果园地，果园地面积呈逐年扩大趋势。

（四）橡胶园地

橡胶园分布于东、中、西部的花岗岩丘陵、低山区，北部火山岩台地、丘陵区，坡度多在15°以下，分布面积2135km^2。是区内分布面积较大的经济作物用地，不仅分布面积广，而且大部分连片集中。橡胶园用地自20世纪就开发利用，自50年代至70年代呈快速扩大，为我国国防、国民经济发展作出巨大贡献。自90年代以来，由于经济效益的下滑，橡胶园用地局部改为他用，如改为果园等，面积呈减少趋势。

（五）有林地

有林地在岛内呈现不间断分布，面积8020km^2。其中在海南岛西南部黎母山、五指山的中低山区，呈现大面积的连续分布，主要有热带雨林、常绿季雨林等。岛内森林覆盖率大于50%，有林地是海南岛面积最大的土地利用地，从滨海平原、台地、丘陵到中低山地貌区均有分布。

（六）水库

岛内水库有近百座，库水面面积544km^2，较大水库有松涛水库、广坝水库、牛路岭水库、南扶库水库、万宁水库、长茅水库等。

二、土地资源评价

本次所开展的土地资源开发利用评价，不同于农业、林业部门的评价区划，主要通过遥感资料成果、土壤养分和元素地球化学分析结果、地质地貌调查成果及野外调查发现的土地资源利用中存在的问题等因素，对土地资源作出区划评价。

（一）玄武岩–砂砾层台地–平原耕作区

该耕作区分布于海南岛北部的临高、澄迈、海口、定安和东部的文昌、琼海以及西部的儋州等7个市（县），面积约6010km^2。本区以台地、平原地貌为主，在琼海有低丘地貌。整体地势西高东低、南高北低，标高一般在30~150m之间，坡度较缓，临高、文昌等平原区坡度小于5°；琼山、定安、澄迈、儋州等台地区，地势有起伏，除突兀低丘山包外，整体坡度小于10°。

区内主要地层为多期次喷发的玄武岩、第四纪滨海相和河流相的松散沉积层。土壤类型主要为玄武岩砖红壤、基性岩火山灰土和火山灰石质土、水稻土。玄武岩砖红壤，土层深厚，厚度一般大于1m，质地黏重。由土壤养分分析可知，玄武岩砖红壤是海南岛养分含量最高的土壤类型，氮、磷、有机质、腐殖质含量均较高，但钾肥含量偏低；土壤母质中作物所需有益元素Cu、Zn、Mo、S、Co、N、P含量相对较高，有利于作物的生长，土地利用应因地施肥，加大钾肥的投放量，提高土壤养分均衡性。

浅海沉积物砖红壤，质地轻，含砂量大，养分缺乏，是岛内养分含量最低的土壤类型。土壤母质中有益元素的含量最低，因此，土地耕作应全面、大分量地施肥，才能达到其他类型土壤的养分含量水平。

区内环境地质问题也相对突出，主要表现为水土流失和土地沙化。玄武岩分布区土地利用成本低，效益高，环境地质问题较少，可以加大利用力度；而第四纪松散层分布区的土地利用应该慎重，北海组土层松散，阶地地貌部位，坡度大于5°，易发生水土流失，目前该类母质土壤主要作为人工林地，种植桉树等，由于选种树种不当，水土流失防治效果较差。建议在该类土壤上不仅选种合适的灌木，也应考虑引种合适的草被，才能有利于水土保持，可考虑引种鸡草。据本次调查，在全新统（未分）、八所组松散砂层分布区，易发生土地沙化灾害，土地耕作应考虑合适的植被覆盖率（>50%，才不会引发土地沙化等环境地质问题）。

（二）玄武岩台地经济林区

该经济林区分布于岛内澄迈福山、临高皇桐、海口云龙灵山和三门坡到定安黄竹、文昌蓬莱等地区，面积1531km²。本区主要为玄武岩台地，整体地貌呈不规则起伏，相对高差一般小于50m，坡度一般小于10°。土壤类型为玄武岩砖红壤，主要经济林为橡胶林。土壤环境地质条件较好，土地开发利用引发的环境地质问题较少，可继续加强、提高土地利用效益。土壤养分主要缺乏钾肥，施肥时应加大钾肥的投放量。

（三）滨岸防护林区

该防护林区分布于岛内东部、北部、西南部海岸带近岸1~3km宽的范围内，地貌类型为滨海沙堤、阶地，地势低平，标高一般小于30m，坡度小于3°。

土壤类型主要为滨海砂土、浅海沉积物砖红壤。该区土壤养分贫乏，地质环境脆弱，目前主要的土地利用为防护林种植，树种有木麻黄、椰子树等。近几年由于人工海水养殖业和锆钛砂矿开采业的快速发展，造成了局部地段环境问题趋于严重，如文昌海南角的土地沙化，文昌冯坡防护林断链等，对防护圈内其他土地利用区的生态造成了较大危害，该区对生态保护极为重要，不能盲目毁林改变土地用途，任何其他方式的土地利用，如建高位养虾池、开采石英砂钛矿等，都应遵循科学论证，适量布局的土地利用原则。

（四）花岗岩丘陵耕作区

该耕作区分布于定安岭口—屯昌黄岭农场、万宁中兴—兴隆—陵水群英一带、三亚雅量—乐东千家、昌江十月田—儋州兰洋—澄迈中兴等广大地区。地貌类型为花岗岩丘陵，相对高差一般小于100m，坡度一般5°~10°，丘陵主体山峰坡度一般小于30°。

土壤类型为花岗岩砖红壤，与其他土壤养分相比，其钾含量较高，其他养分含量中等，地球化学背景中K、Na、Ca、Mg含量较高，农业地球化学质量较好。

该区主要为橡胶林林地及丘陵坡脚，山间平原的水稻种植地。土地利用的主要问题是在丘陵缓坡（10°~15°）砍伐橡胶林，换种果林。由于花岗岩砖红壤含有石英砂砾，质地为砂壤土，易受雨水冲刷，引发水土流失，因此，采取间种或梯形种植方式是改变土地利用类型时必须采取的水土保持措施。

（五）花岗岩、砂页岩低山丘陵灌木草原区

该灌木草原区分布于岛内白沙、屯昌、琼中、琼海等市（县），呈间断性不连续分布，地形地貌起伏变化较大，有标高大于500m的低山，也有标高小于100m的山间小盆地，面积近1000km²。

土壤类型主要为花岗岩、砂页岩砖红壤、花岗岩砖红壤，土壤养分中等—贫乏。由于地形地貌较陡、土层较薄、有裸石出露等原因，不宜于耕作，主要为林地、灌木丛地、草地。

区内主要生长次生林、灌丛、草被、橡胶林等，土地利用率较低，该区存在明显的林地退化现象，在白沙、屯昌、琼中、琼海等市（县）境内存在区块面积不等的林地退化现象。林地退化现

象与刀耕火种的生产方式和乱伐盗采林木有关。

该区由于地貌地质条件的限制，土地利用方向应向热带高效林业方向发展，逐渐淘汰经济效益较低的灌木、杂木，增加名贵树种，恢复热带雨林的生态功能。

（六）花岗岩低山、丘陵、雨林经济林区

该经济林区分布于海南岛西部和中部琼中、屯昌、通什、保亭、白沙等市（县）境内的鹦哥岭、光头岭一带，面积约 1244km^2。

区内主要地貌为中低山，地形切割强烈，相对高差一般大于 200m。鹦哥岭一带为原始雨林区，面积近 300km^2，其土壤类型主要为花岗岩黄壤，土壤养分贫乏。在琼中中平一带为低山季雨林区，面积约 400km^2，土壤类型主要为砖红壤，土壤养分贫乏。琼中乌石农场至儋州松涛一带，为丘陵地貌区，主要为橡胶林园区，土壤类型为花岗砖红壤，土壤养分中等—贫乏。

该区域受山地丘陵地貌的限制，不宜于开展经济作物的种植，局部小范围存在林地退化现象。应注意保持和恢复该区域内热带雨林的生态环境。

第四章　水资源环境

第一节　水资源及其利用

一、河流水系

海南岛中部高、四周低的地势构成放射状的海岛水系。全岛独流入海的河流有154条。其中，集水面积大于100km^{2}的有39条，集水面积占全岛面积的84.4%；集水面积小于100km^{2}的河流有115条，集水面积只占全岛面积的15.6%。主要河流有南渡江、昌化江和万泉河，流域面积分别为7033km^2、5150km^2、3693km^2。3条河流流域面积占全岛面积的47%。流域面积在1000~2000km^{2}的河流有陵水河和宁远河，流域面积在500~1000km^{2}的河流有珠碧江、望楼河、文澜江、北门江、太阳河、藤桥河、春江和文教河。

海南岛水域面积占全岛面积的4.2%，包括河流、水库、渠系与滩涂等。其中，水库正常水面面积达530km^2。

二、地表径流

（一）径流量

根据海南省水务局多年平均径流深资料：①多年平均径流深890.0mm；②多年平均径流系数0.51，最大为中部山区万泉河上游流域（0.70），最小为西部感恩河流域（0.30）；③多年平均径流量307.8×10^{8}m^3。

来水频率$P=10\%$时的丰水年，全岛径流量为490×10^{8}m^3。

来水频率$P=25\%$时的平水年，全岛径流量为290×10^{8}m^3。

来水频率$P=75\%$时的偏枯年，全岛径流量为209×10^{8}m^3。

来水频率$P=90\%$时的枯水年，全岛径流量为151×10^{8}m^3。

来水频率$P=95\%$时的特枯年，全岛径流量为126×10^{8}m^3。

（二）径流分布及其特点

径流来源于降水，并与大气蒸发及地面植被覆盖率有密切关系，因而径流分布特点同降水一样：①年平均径流深大，但地区分布与年内分配不均，且年际变化大；②年平均径流深自中部山区向四周沿海递减，与降水趋势一致；③平均径流深中部高、四周低，东部大、西部小，且高、低区差值较大。全岛多年平均径流深的变幅在300~1800mm之间，高、低值之间相差6倍。

与降水一样，汛期平均径流量占全年径流总量的比例分别为：南渡江流域为82%，昌化江流域为81%，万泉河流域为68%；海南岛东部地区为66%，中部地区为79%，西部地区为85%，北部地区为79%。

径流量年际变化大，变差系数为0.4~0.55，洪枯悬殊。实测年径流量最大年与最小年的比值高达4~7倍，实测最大洪峰流量与最枯流量的比值高达几千倍（表4-1）。

表4-1　三大流域径流量与流量变幅表

流域	站名	集水面积/km^2	径流量/10^8m^3			最大年径流量/最小年径流量	流量/($m^3 \cdot s^{-1}$)			最大年流量/最小年流量
			多年平均	最大径流量	最小径流量		多年平均	最大流量	最小流量	
南渡江	龙塘	6841	69.2	112（1978年）	28.7（1959年）	3.9	219	7550（1958年）	2.2（1960年）	3432
昌化江	宝桥	4634	41.7	85.5（1964年）	11.2（1969年）	7.6	132	20000（1963年）	3.35（1970年）	5970
万泉河	加积	3236	54.1	83.3（1953年）	17.8（1977年）	4.7	172	11700（1948年）	4.3（1960年）	2712

三、水资源总量

水资源总量是指地表水量与地下水量之和。从水均衡概念来说，其总量为河川径流量与地下水量之和扣除其重复量。

海南省水利与地矿部门对地下水资源量评价方法虽然不同，但是，对水资源总量有较统一的共识。根据海南省水务局公布的《2000年海南省水资源公报》，海南岛水资源总量为$458.14\times10^8m^3$。其中，地表水资源量为$443.30\times10^8m^3$。

四、水质状况

（一）废（污）水排放量

废（污）水指工业废水和生活污水，海南岛2000年废（污）水排放总量为$3.982\times10^8m^3$。其中，工业废水$2.227\times10^8m^3$，占排放总量的55.9%；生活污水$1.755\times10^8m^3$，占排放总量的44.1%。

海口2000年废（污）水排放总量为$1.374\times10^8m^3$，其中，工业废水占56.7%，生活污水占43.3%。

三大流域片的废污水排放量：南渡江流域片$2.755\times10^8m^3$，其中，工业废水$1.623\times10^8m^3$，占58.9%，生活污水$1.132\times10^8m^3$，占41.1%；万泉河流域片$0.684\times10^8m^3$，其中，工业废水$0.274\times10^8m^3$，占40.1%，生活污水$0.410\times10^8m^3$，占59.9%；昌化江流域片$0.543\times10^8m^3$，其中，工业废水$0.330\times10^8m^3$，占60.8%，生活污水$0.213\times10^8m^3$，占39.2%。

（二）河流水质

根据2000年的水环境监测资料，全年期属Ⅰ类水的河长48km，占评价总河长的3.6%，属Ⅱ类水的河长1061km，占评价总河长的79.5%，属Ⅲ类水的河长156km，占评价总河长的11.7%，污染河长（指Ⅳ类、Ⅴ类和超Ⅴ类，下同）70km，占评价总河长的5.2%；枯水期属Ⅰ类水的河长48km，占评价总河长的3.6%，属Ⅱ类水的河长984km，占评价总河长的73.7%，属Ⅲ类水的河长238km，占评价总河长的17.8%，污染河长65km，占评价总河长的4.9%；丰水期属Ⅰ类水的河长48km，占评价总河长的3.6%，属Ⅱ类水的河长962km，占评价总河长的72.1%，Ⅲ类水的河长286km，占评价总河长的21.4%，污染河长39km，占评价总河长的2.9%。丰水期水质劣于枯水期水质。

南渡江下游儒房至出海口河段、支流海甸溪河段、文昌河水闸河段、北门江桥植河段、三亚河妙林河段水质较差，评价期水质均超Ⅳ类，主要污染物为高锰酸盐指数、氨氮、石油类。

三大河流的水质状况是：

南渡江评价河长334km，全年期属Ⅰ类水的河长48km，占评价总河长的14.4%，属Ⅱ类水的河长236km，占评价总河长的70.7%，属Ⅲ类水的河长36km，占评价总河长的10.8%，污染河长

14km，占评价总河长的4.1%。丰水期水质劣于枯水期水质，总体上保持良好态势。

万泉河评价河长156km，全年期属Ⅱ类水的河长156km，占评价总河长的100%，水质良好。

昌化江评价河长231km，全年期属Ⅱ类水的河长200km，占评价总河长的86.6%，属Ⅲ类水的河长16km，占评价总河长的6.9%，污染河长15km，占评价总河长的6.5%。

（三）湖库水质

2000年度共收集了海南省9座主要水库水质监测资料进行评价。除松涛水库白沙库区、春江水库和高坡岭水库局部水体水质为Ⅲ类水标准外，其他水库水体水质均符合Ⅱ类水标准。除高坡岭水库为中富营养外，其他水库均处于贫营养状况。海口市区的东、西湖污染严重，水质长期劣于Ⅴ类水，主要污染指标为磷、氮营养盐和耗氧有机物。

五、水资源利用

海南岛雨量充沛，河流众多，因多数河道较短，落差大部分集中于上游，不少山区干支流落差集中，能进行梯级开发。全岛建有大型水库6座、中型水库69座，总库容$50.06\times10^8m^3$，只要建设龙头水库，水资源便可得以充分利用。

六、2000年用水状况

（一）供水量

供水量指各种水源工程为用户提供的包括输水损失在内的毛供水量。海南岛2000年总供水量$44.612\times10^8m^3$，其中地表水源供水量$40.654\times10^8m^3$，占总供水量的91.1%，地下水源供水量$3.958\times10^8m^3$，占总供水量的8.9%。

在地表水源供水量中，蓄水工程占71.5%，引水工程占21.1%，提水工程占7.4%。在地下水源供水量中，浅层水占59.7%，深层水占40.3%。

三大流域片的供水量：南渡江流域片$23.707\times10^8m^3$，其中地表水占88.4%，地下水占11.6%；万泉河流域片$11.203\times10^8m^3$，其中地表水占93.2%，地下水占6.8%；昌化江流域片$9.702\times10^8m^3$，其中地表水占95.4%，地下水占4.6%。

（二）用水量

用水量指分配给用户的包括输水损失在内的毛用水量。海南岛2000年总用水量$44.021\times10^8m^3$。

农业用水量$35.437\times10^8m^3$，占总用水量的80.5%，其中，农田灌溉用水量$30.662\times10^8m^3$，占总用水量的69.7%；工业用水量$3.708\times10^8m^3$，占总用水量的8.4%，其中，国有及规模以上工业用水量$2.894\times10^8m^3$，规模以下工业用水量$0.814\times10^8m^3$；生活用水量$4.876\times10^8m^3$，占总用水量的11.1%，其中，城镇生活用水量$2.196\times10^8m^3$，农村生活用水量$2.680\times10^8m^3$。

按城乡进行划分：农村用水量$38.931\times10^8m^3$，占总用水量的88.4%；城镇用水量$5.090\times10^8m^3$，占总用水量的11.6%。

三大流域片的用水量：南渡江流域片$23.804\times10^8m^3$，占总用水量的54.1%；万泉河流域片$11.596\times10^8m^3$，占总用水量的26.3%；昌化江流域片$8.621\times10^8m^3$，占总用水量的19.6%。

（三）重要城市城、近郊区供（用）水量

重要城市为海口市、三亚市。海口市统计范围为该市全部面积。

海口市地表水、地下水供水量合计$2.032\times10^8m^3$，生活、工业及农业用水量合计$2.029\times10^8m^3$。

三亚市城、近郊区地表水、地下水供水量合计 0. 304×10^8m^3，生活、工业及农业用水量合计 0. 303×10^8m^3。

（四）耗水量

耗水量指在输水、用水过程中通过土壤吸收、蒸腾蒸发、产品带走、居民和牲畜饮用等各种形式消耗掉而不能回归到地表水体或地下含水层的水量。海南岛 2000 年总耗水量 22. 806×10^8m^3，耗水量占用水量的百分比（简称耗水率，下同）为 51. 8%。其中，农业耗水量 19. 442×10^8m^3，占总耗水量的 85. 2%，工业耗水量 0. 778×10^8m^3，占总耗水量的 3. 4%，生活耗水量 2. 586×10^8m^3，占总耗水量的 11. 4%。

各类用户的需水特性和用水方式不同，耗水率存在差别：农田灌溉耗水率为 53. 0%，农村生活耗水率为 80. 0%，林牧渔耗水率为 66. 7%，国有及规模以上工业耗水率为 21. 4%，规模以下工业和城镇生活耗水率为 20. 0%。

3 大流域片的耗水量情况：南渡江流域片耗水量 11. 824×10^8m^3，占总耗水量的 51. 8%；万泉河流域片耗水量 6. 198×10^8m^3，占总耗水量的 27. 2；昌化江流域片耗水量 4. 816×10^8m^3，占总耗水量的 21. 1%。由于各流域片的地理位置、气候因素、水源条件、用水组成及管理水平有所不同，故其综合耗水率有所差异：南渡江流域片为 49. 5%，万泉河流域片为 53. 3%，昌化江流域片为 55. 7%。

（五）水资源利用分析

海南岛 2000 年降水总量 736. 84×10^8m^3。

地表水资源量 443. 30×10^8m^3，地下水资源量 99. 18×10^8m^3，扣除重复计算量 84. 34×10^8m^3，水资源总量 458. 14×10^8m^3。

海南岛大中型水库 2000 年末总蓄水量 47. 27×10^8m^3，比 2019 年末增加 12. 05×10^8m^3。

海南岛总供水量 44. 612×10^8m^3，其中，地表水源供水量 40. 654×10^8m^3，地下水源供水量 3. 958×10^8m^3。

海南岛总用水量 44. 021×10^8m^3，其中，农业用水量 35. 437×10^8m^3，工业用水量 3. 708×10^8m^3，生活用水量 4. 876×10^8m^3。

海南岛总耗水量 22. 806×10^8m^3，耗水率 51. 8%。其中，农业耗水量 19. 442×10^8m^3，工业耗水量 0. 778×10^8m^3，生活耗水量 2. 586×10^8m^3。

根据来水、用水和社会经济指标统计资料，对海南岛 2000 年的主要用水指标进行了分析计算。

海南岛 2000 年人均拥有水资源量为 6021m^3，人均用水量 580m^3，水资源利用系数 0. 096。

万元 GDP（国内生产总值）用水量为 845m^3；农业亩均用水量为：水田 1003m^3，水浇地 446m^3，林果灌溉 150m^3，鱼塘补水 710m^3；万元工业产值（不含水电）用水量为 142m^3，其中，国有及规模以上一般工业为 150m^3，规模以下工业为 130m^3，火电为 54m^3；人均生活用水量：城镇为 310L/人·d，农村为 129L/人·d（含牲畜用水）。

第二节　地下水资源

一、地下水资源分布特征

（一）松散岩类孔隙潜水

松散岩类孔隙潜水主要分布于沿海一带的滨海平原及南渡江、万泉河、昌化江等河流中下游阶地、河漫滩，零星分布于山前古洪积层。面积约 6252km^2，占全岛面积（33920km^2）的 18. 4%。

（二）松散半固结岩类孔隙承压水

松散半固结岩类孔隙承压水主要分布于海南岛北部的琼北自流盆地以及西南部的八所、感城、莺歌海、九所、崖城、三亚荔枝沟及林旺、藤桥等8个自流盆地（斜地）。其中，琼北自流盆地面积最大，约4000km^2，占全岛总面积的11.8%。水量丰富，水质好，开采量较大，是海口、临高、马村、洋浦的主要开采层。

（三）火山岩类裂隙孔洞水

火山岩类裂隙孔洞水主要分布于琼北王五-文教大断裂带以北地区和文昌蓬莱至琼海大路、定安龙塘、龙门—岭口等地，面积约3928km^2，占全岛面积的11.6%。沿火山岩台地呈层状、似层状分布，火山口地区水量丰富，水位埋深较大，向台地边缘水量逐渐由富变贫，水位埋深变浅。

（四）碳酸盐岩类裂隙溶洞水

碳酸盐岩类裂隙溶洞水分布于西部儋州八一、兰洋，昌江石碌、王下、叉河，东方江边以及南部三亚红花、大茅等碳酸盐岩分布区，面积约287km^2，占全岛面积的0.8%。其中，儋州八一农场等地水量丰富，具有集中供水意义。

（五）基岩裂隙水

基岩裂隙水分布于中南部低山、丘陵、山前剥蚀波状平原和山间盆地，面积约23050km^2，占全岛面积的68.0%。按储水岩体主要划分为红层（局部层间）裂隙水、层状岩类裂隙水和块状岩类裂隙水3大类。

1. 红层（局部层间）裂隙水

红层（局部层间）裂隙水主要分布于儋州王五、定安雷鸣、琼海阳江、乐东、白沙等红层盆地，面积约3107km^2，占全岛总面积的9.2%。琼海阳江、乐东、白沙等地富水量中等；儋州王五和定安雷鸣等地水量贫乏。

2. 层状岩类裂隙水

层状岩类裂隙水分布于儋州王五、安定雷鸣、琼海阳江、乐东山荣、白沙元门、万宁东岭等地红层盆地，面积约3377km^2，占全岛总面积的10.0%。除构造裂隙发育的局部地段地下水较为丰富外，其他地段地下水贫乏。

3. 块状岩类裂隙水

块状岩类裂隙水主要分布于中南部低山地丘陵区，范围较广，出露面积约16566km^2，占全岛总面积的48.8%。在五指山、尖峰岭、坝王岭、吊罗山等主要山区分布较为集中，其他地区呈零星分布。富水性分布极不均一，在东西向与北东向、北西向交会的构造破碎带范围内，岩体破碎，裂隙发育，水量丰富，其他地段水量中等至贫乏。

二、地下水资源评价

（一）地下水资源量评价

地下水资源评价主要引用《中国地下水资源（海南卷）》（张宗祜等，2005）的有关资料，降水量计算参数采用1759.8mm；地表水资源的有关计算参数主要采用海南省水务局公布的《2000年海南省水资源公报》中的有关数据（注：为便于计算需要，在分区计算过程中，将深层孔隙承压水归入松散岩类地下水中统一计算）。

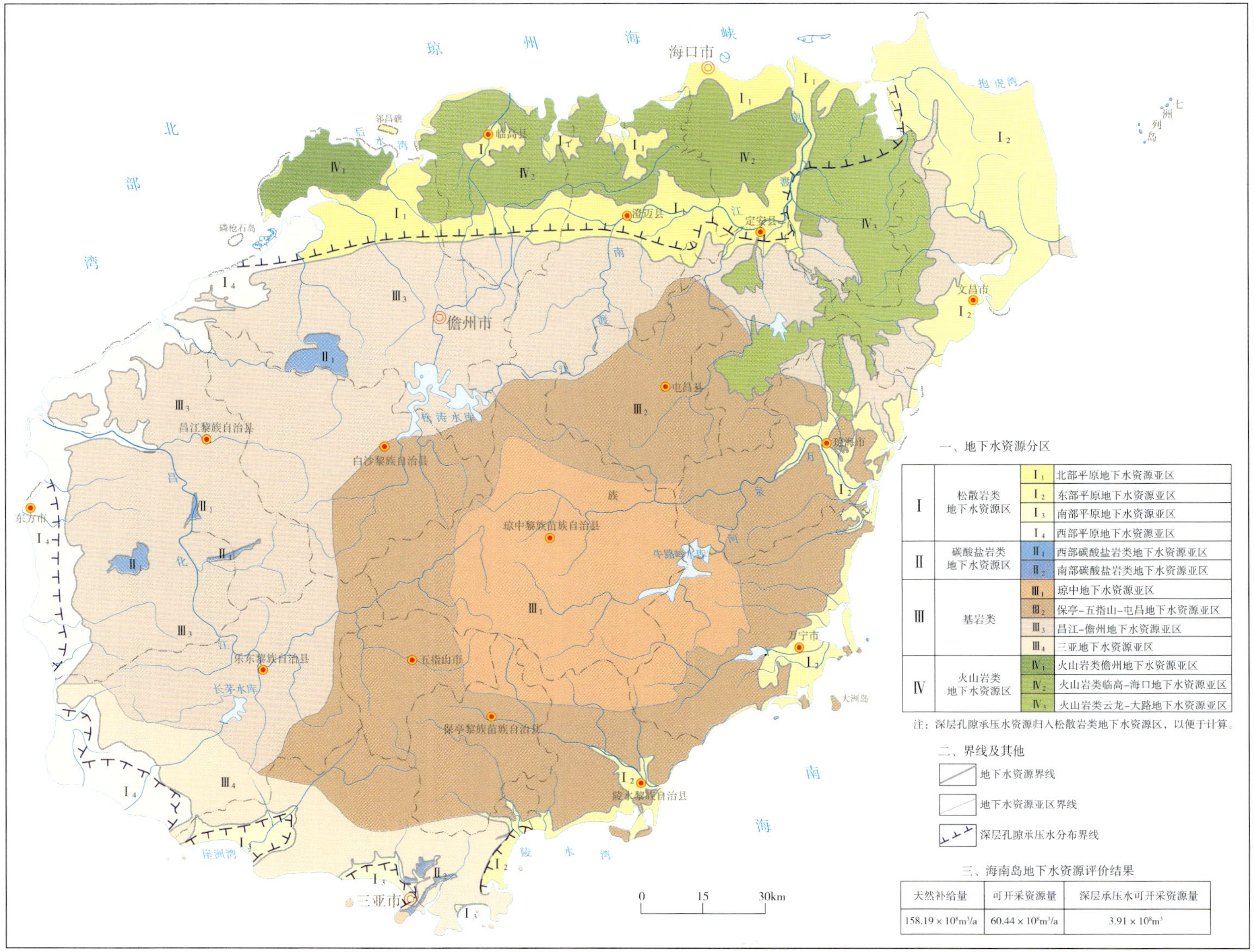

图 4-1　海南岛地下水资源分布

1. 地下水天然补给量

（1）计算方法的确定

根据资料综合分析结果，海南岛内松散岩类、碳酸盐岩类和火山岩类含水层均直接出露于地表，地下水的补给主要为大气降水入渗，因此主要采用大气降水入渗法计算地下水天然补给量，基岩地下水资源区采用地下径流模数法，并进行大中型水库渠道渗入补给量计算和偏枯年（P_{75}）地下水天然补给量计算。

（2）计算公式及参数的确定

A. 大气降水入渗法

$$Q = 1000\alpha HF$$

式中：Q 为大气降水渗入量（m^3/a）。α 为渗入系数，根据《海南岛 1∶20 万区域水文地质普查报告》选取，松散岩类沙堤沙地块段取 0.471，河谷、滨海平原取 0.350，山前古洪积平原取 0.180；碳酸盐岩类三亚大茅、儋州八一农场等取 0.25，东方江边等地取 0.15；火山岩类裸露区取 0.738；红土覆盖区取 0.335。H 为多年平均降水量（mm）。F 为计算面积（km^2），经 MapGIS 制图后在属性表中读取。

B. 径流模数法

$$Q = MF$$

式中：Q 为地下水天然资源量（$10^4m^3/a$）；M 为径流模数，根据《海南岛 1∶20 万区域水文地质普查报告》资料统计选取，$Ⅲ_1$ 区取 $60.77×10^4m^3/(a·km^2)$，$Ⅲ_2$ 区取 $35.67×10^4m^3/(a·km^2)$，$Ⅲ_3$ 区取 $25.55×10^4m^3/(a·km^2)$，$Ⅲ_4$ 区取 $12.30×10^4m^3/(a·km^2)$；F 为计算面积（km^2），经 MapGIS 制图后在属性表中读取。

C. 水库渠道渗漏补给量

$$Q_w = VCW$$

式中：Q_w 为水库渠道补给量（$10^8m^3/a$）；C 为水库的有效利用系数，根据《海南岛 1∶20 万区域水文地质普查报告》选取，松涛水库取 0.594，其他取 1.443；W 为渠道渗漏系数，取 0.4；V 为水库库容（$10^8m^3/a$），松涛水库为 $26.00×10^8m^3$，其他水库共 $15.51×10^8m^3$。

（3）计算结果及分析

松散岩类地下水资源区天然补给量 $48.83×10^8m^3/a$，其中水库渠道渗漏补给量 $11.26×10^8m^3/a$；碳酸盐岩类地下水资源区天然补给量 $0.82×10^8m^3/a$，零星分布于三亚大茅、儋州八一农场等地；火山岩类地下水资源区天然补给量 $31.28×10^8m^3/a$，其中水库渠道渗漏补给量 $3.30×10^8m^3/a$，主要分布于琼北儋州、临高—琼山、海口演丰—琼海大路等地；基岩类地下水资源区天然补给量 $77.21×10^8m^3/a$，分布于中部山地丘陵区。总天然补给量 $158.19×10^8m^3/a$，枯水年（75%频率）总地下水天然补给量 $133.46×10^8m^3/a$（表 4-2，表 4-3）。

表 4-2 枯水年（P_{75}）地下水天然补给量统计 单位：$10^8m^3/a$

地下水资源分区	亚地下水资源亚区	多年平均天然补给量	枯水年天然补给量	可开采资源量	
				浅层水	深层承压水
松散岩类地下水资源区	北部地下水资源亚区	13.73	11.57	5.26	4.45
	东部地下水资源亚区	25.25	21.71	5.84	
	南部地下水资源亚区	2.36	2.02	0.30	0.09
	西部地下水资源亚区	7.54	6.00	1.53	0.20
分区合计		48.88	41.3	17.67	
碳酸盐岩类地下水资源区	西部地下水资源亚区	0.73	0.61	0.43	
	南部地下水资源亚区	0.09	0.07	0.04	

续表

地下水资源分区	亚地下水资源亚区	多年平均天然补给量	枯水年天然补给量	可开采资源量	
				浅层水	深层承压水
分区合计		0.82	0.68	0.47	
基岩类地下水资源区	琼中地下水资源亚区	20.33	17.15	11.48	
	保亭-五指山-屯昌地下水资源亚区	29.51	24.89	12.91	
	昌江-儋州地下水资源亚区	25.42	21.44	11.89	
	三亚地下水资源亚区	1.95	1.65	0.61	
分区合计		77.21	65.13	36.89	
火山岩类地下水资源区	儋州地下水资源亚区	4.03	3.39	1.26	
	临高-海口地下水资源亚区	16.69	14.06	2.68	
	云龙-大路地下水资源亚区	10.56	8.90	1.47	
分区合计		31.28	26.35	5.41	
全岛合计		158.19	133.46	60.44	

表 4-3　市（县）枯水年（P_{75}）天然补给量统计　　单位：$10^8 m^3/a$

市（县）	多年平均天然补给量	枯水年天然补给量	市（县）	多年平均天然补给量	枯水年天然补给量
海口	16.23	13.67	白沙	6.19	5.22
文昌	14.63	12.51	儋州	15.25	12.86
定安	5.44	4.50	临高	7.86	6.62
琼海	9.40	8.00	澄迈	10.39	8.87
万宁	11.15	9.48	屯昌	4.42	3.73
陵水	7.10	6.04	琼中	16.51	13.93
三亚	6.16	5.23	五指山	3.07	2.58
乐东	7.95	6.59	保亭	3.96	3.34
东方	6.96	5.74	全岛合计	158.19	133.46
昌江	5.52	4.55			

海南岛地下水天然补给量 158.19×$10^8 m^3/a$，与 1981 年《海南岛 1∶20 万区域水文地质普查报告》的天然补给量 155.59×$10^8 m^3/a$ 相比，增加 2.60×$10^8 m^3/a$，主要原因是采用的降水量和其他计算参数变化所致（图 4-1）。

2. 地下水可开采资源量

（1）计算方法的确定

沿海平原松散岩类地下水资源区（包含深层孔隙承压水在内）选用平均布井法，碳酸盐岩类地下水资源区和火山岩类地下水资源区采用开采模数类比法，中部山地、丘陵基岩地下水资源区采用枯季天然资源量作为可开采资源量（径流模数法）。

（2）计算公式及参数确定

A. 平均布井法

$$Q_{开} = nQ_0$$

式中：$Q_{开}$ 为可开采资源量（$10^4 m^3/a$）；Q_0为单井开采量（$10^4 m^3/a$），根据《海南岛 1∶20 万区域

水文地质普查报告》陵水河、宁远河、南渡江等河流两岸井、孔单位涌水量统计，用直线方线换算为降深2m的涌水量统计，北部取值$26.15\times10^4m^3/a$，东部取值$23.96\times10^4m^3/a$，南部取值$10.80\times10^4m^3/a$，西部根据《海南省东方市区域水文地质调查报告》取值$8.80\times10^4m^3/a$；n为计算块段布井数（个），采用网格法，$n=10^6F/D^2$，F为计算块段面积（km^2），水资源分布图MapGIS制图后在属性表中读取，D为井间距离，参考《供水水文地质手册》，取经验值1000m。

B. 开采模数类比法

$$Q_{开} = M\beta F$$

式中：$Q_{开}$为可开采资源量（$10^4m^3/a$）。M为开采模数（$10^4m^3/a\cdot km^2$），火山岩潜水根据《海南省澄迈县区域水文地质调查报告》裸露区取$38.11\times10^4m^3/(a\cdot km^2)$，岩溶水根据《海南岛1∶20万区域水文地质普查报告》取$12.50\times10^4m^3/(a\cdot km^2)$。$\beta$为类比系数，岩溶水根据《海南岛1∶20万区域水文地质普查报告》取值，三亚地区取1，儋州八一农场取2.399，东方市江边等地取0.297；火山岩潜水根据《海南省澄迈县区域水文地质调查报告》取值，裸露区取1，红土覆盖区取0.151。F为计算块段面积（km^2），MapGIS制图后按计算块段在属性表中读取。

C. 径流模数法

$$Q_{开} = M_{枯} F$$

式中：$Q_{开}$为可开采资源量（$10^4m^3/a$）；$M_{枯}$为枯季径流模数，根据《海南岛1∶20万区域水文地质普查报告》采用汇水区逐年枯季月最小流量平均值，$Ⅲ_1$取$34.33\times10^4m^3/(a\cdot km^2)$，$Ⅲ_2$取$15.60\times10^4m^3/(a\cdot km^2)$，$Ⅲ_3$取$11.95\times10^4m^3/(a\cdot km^2)$，$Ⅲ_4$取$3.86\times10^4m^3/(a\cdot km^2)$；$F$为计算面积（$km^2$），MapGIS制图后在属性表中读取。

（3）计算结果分析

松散岩类地下水资源区可开采资源量$17.68\times10^8m^3/a$，占天然资源量的36.17%，其中，深层承压水可开采资源量$4.74\times10^8m^3/a$，主要分布于沿海平原；碳酸盐岩类地下水资源区可开采资源量$0.47\times10^8m^3/a$，占天然资源量的57.3%，主要分布于三亚大茅、儋州八一农场；基岩类地下水资源区可开采资源量$36.89\times10^8m^3/a$，占天然资源量的47.8%，主要分布于中南部低山丘陵区、山涧盆地和白垩纪红层盆地；火山岩类地下水资源区可开采资源量$5.41\times10^8m^3/a$，占天然资源量的17.3%，主要分布于琼北儋州、临高、海口等地（表4-4）。

表4-4　海南岛各市（县）地下水资源一览表

市（县）	天然补给量/($10^8m^3\cdot a^{-1}$)					可开采资源量/($10^8m^3\cdot a^{-1}$)					可开采储存量/10^8m^3
	孔隙水	裂隙水	岩溶水	火山岩潜水	合计	孔隙水（含深层承压水）	裂隙水	岩溶水	火山岩潜水	合计	
海口	3.91	0.40		11.92	16.23	3.35	0.18		2.36	5.89	2.01
文昌	11.43	1.28		1.92	14.63	3.86	0.60		0.20	4.66	
定安	0.52	2.16		2.76	5.44	0.20	0.98		0.59	1.77	
琼海	4.11	4.51		0.78	9.40	0.77	2.06		0.06	2.89	
万宁	4.28	6.87			11.15	0.76	3.42			4.18	
陵水	3.23	3.87			7.10	0.43	1.87			2.30	
三亚	3.04	3.03	0.09		6.16	0.49	1.18	0.03		1.70	0.05
乐东	2.35	5.60			7.95	0.53	2.47			3.00	0.14
东方	2.66	4.17	0.13		6.96	0.63	1.95	0.02		2.60	0.08

续表

市（县）	天然补给量/($10^8m^3·a^{-1}$)					可开采资源量/($10^8m^3·a^{-1}$)					可开采储存量/10^8m^3
	孔隙水	裂隙水	岩溶水	火山岩潜水	合计	孔隙水（含深层承压水）	裂隙水	岩溶水	火山岩潜水	合计	
昌江	2.19	3.30	0.03		5.52	0.28	1.55	0.01		1.84	
儋州	4.62	4.87	0.57	5.19	15.25	1.97	2.27	0.41	1.28	5.93	0.07
临高	2.77	0.53		4.56	7.86	1.80	0.25		0.41	2.46	0.33
澄迈	3.77	2.47		4.15	10.39	2.60	1.15		0.51	4.26	1.23
白沙		6.19			6.19		2.82			2.82	
屯昌		4.42			4.42		1.92			1.92	
琼中		16.51			16.51		8.97			8.97	
五指山		3.07			3.07		1.42			1.42	
保亭		3.96			3.96		1.83			1.83	
合计	48.88	77.21	0.82	31.28	158.19	17.67	36.89	0.47	5.41	60.44	3.91

全岛可开采资源量 $60.44×10^8m^3/a$，比 1981 年《海南岛 1∶20 万区域水文地质普查报告》提交的开采资源量 $46.98×10^8m^3/a$，增加 $13.46×10^8m^3/a$。主要原因是《海南岛 1∶20 万区域水文地质普查报告》松散岩类地下水资源区（Ⅰ区）和火山岩类地下水资源区（Ⅳ区）仅计算有集中供水意义的水资源，面积分别为 $260.2km^2$ 和 $577.1km^2$，可开采资源量分别为 $0.94×10^8m^3/a$ 和 $1.45×10^8m^3/a$；本次进行了全面计算，Ⅰ区、Ⅳ区计算面积分别为 $6475.9km^2$ 和 $3855km^2$。但就目前的研究程度而言，中部山地、丘陵裂隙水以及大部松散岩类和火山岩类地下水均无集中供水意义，可作为分散供水水源地（见图 4-1）。

3. 深层孔隙承压水可开采储存量评价

（1）分布范围

深层孔隙承压水主要分布于王五-文教大断裂以北的琼北自流盆地与西南部的八所-感城、莺歌海-九所、崖城、三亚、藤桥-林旺等 8 个自流盆地（斜地）。琼北自流盆地承压水赋存层位为上新统海口组和灯楼角组，西南部承压水赋存于上新统佛罗组或望楼港组，岩性除北部海口组第 1、2 承压含水层为固结半固结的贝壳碎屑岩、贝壳砂砾岩类外，其余为一套多层序的松散岩类，主要为中粗砂、中细砂及粉砂。

（2）计算方法

弹性储存量 Q_1（m^3）由式 $Q_1=uF(H-H_\mu)$ 确定。式中：u 为弹性释水系数；F 为含水层分布面积（km^2）；H 为含水层平均水位标高（m），H_μ 为含水层平均顶板标高（m）。

容积储存量 Q_2（m^3）由式 $Q_2= uFM$ 确定。式中：u 为重力给水度；F 为含水层分布面积（km^2）；M 为含水层平均厚度（m）。

可开采资源量 $Q_{开}$（m^3）由平均布井法（$Q_{开}=nQ$）或由开采模数类比法（$Q_{开}=M\beta F$）确定。式中：n 为井数（眼）；Q 为单井出水量（$10^4m^3/a$）；M 为开采模数［$10^4m^3/(a·km^2)$］；β 为类比系数；F 为含水层分布面积（km^2）。侧向补给量 Q_3（m^3）由式 $Q_3=KIMB$ 确定。式中：K 为渗透系数；I 为水力坡度（°）；M 为含水层平均厚度（m）；B 为断面宽度（m）。开采资源量是利用部分侧向补给量。

上述各参数引自海南水文地质工程地质勘察院于“九·五”期间完成的各市（县）区域水文

地质调查报告（1∶10万）。

（3）可开采储存量计算结果分析

因研究程度所限无法获取弱透水层释水量、越流量计算等所需参数，故只计算了容积储存量、弹性释放量，并将弹性释放量视为可开采储存量。

深层孔隙承压水侧向补给量为$6.65\times10^8m^3/a$，其中，琼北自流盆地（第1~4层）为$6.11\times10^8m^3/a$，八所-感城自流斜地为$0.17\times10^8m^3/a$，莺歌海-九所自流盆地为$0.15\times10^8m^3/a$，崖城自流盆地为$0.11\times10^8m^3/a$，三亚自流盆地为$0.05\times10^8m^3/a$，藤桥-林旺自流盆地为$0.06\times10^8m^3/a$。由于深层承压水侧向补给量与上部潜水为地下水之间的转化量，故不计入天然补给量中。经对海南岛各主要市（县）深层承压水侧向补给量及可开采资源量（表4-5）对比分析，可开采资源量占侧向补给量的71.17%（未包含弹性给水量和垂直入渗量），说明可开采资源量有保证。

表4-5　海南岛主要市（县）深层承压水侧向补给量与可开采资源量计算结果

市（县）	侧向补给量/($10^8m^3\cdot a^{-1}$)	可开采资源量/($10^8m^3\cdot a^{-1}$)	可开采资源量计算公式	备　注
海口	2.07	2.010	$Q_{开}=M\beta F$	深层承压水侧向补给量因与上部潜水量重叠，故不计入天然补给量
澄迈	1.58	1.108	$Q_{开}=M\beta F$	
临高	1.74	0.819	$Q_{开}=nQ$	
儋州	0.72	0.505	$Q_{开}=nQ$	
东方	0.17	0.106	$Q_{开}=nQ$	
乐东	0.15	0.095	$Q_{开}=M\beta F$	
三亚	0.22	0.090	$Q_{开}=M\beta F$	
合　计	6.65	4.733		

4. 主要城市地下水资源概况

海口市地下水天然补给量$16.23\times10^8m^3/a$，可开采资源量$5.89\times10^8m^3/a$，其中，承压水可开采资源量$2.01\times10^8m^3/a$，储存量$106.15\times10^8m^3$。松散岩类孔隙水主要分布于南渡江两岸和滨海平原，基岩裂隙水主要分布于东南部长昌，火山岩潜水分布于南部石山-龙桥地区以及东部演丰-云龙地区，承压水主要分布于东寨港以东、南渡江以北地区。各类地下水资源量详见表4-6。

三亚市地下水天然补给量$6.16\times10^8m^3/a$，可开采资源量$1.70\times10^8m^3/a$，其中，承压水可开采资源量$0.09\times10^8m^3/a$。三亚市松散岩类孔隙水天然资源量主要分布于三亚市区、崖城及藤桥等地，与承压水分布基本一致；岩溶水富水地段分布于大茅、红花等地，具有集中供水意义；其他地区为基岩裂隙水，无集中供水意义（表4-6）。

表4-6　主要城市地下水资源表

市（县）	地下水类型	计算面积/km^2	天然补给量($10^8m^3\cdot a^{-1}$)	可开采资源量/($10^8m^3\cdot a^{-1}$)	
				浅层水	承压水
海口	松散岩类孔隙水	519.4	3.91	1.35	2.01
	基岩裂隙水	155.7	0.40	0.18	
	火山岩类裂隙孔洞水	1426.2	11.92	2.36	
三亚	松散岩类裂隙水	371.0	3.04	0.40	0.09
	碳酸盐岩类裂隙溶洞水	27.3	0.09	0.03	
	基岩裂隙水	1469.3	3.03	1.18	

（二）地下水质量评价

地下水的质量评价主要利用所收集的成果资料进行，评价的方法参照地下水质量标准（GB/T 14848—93），见表 4-7。首先进行单元项评价，单项组分评价按该标准分类指标划分为 5 类，不同类别标准值相同时，从优不从劣，然后综合对比各项指标的评价结果，计算出综合评价分值 F：

$$F=\sqrt{\frac{\bar{F}^2+F_{max}^2}{2}} \qquad \bar{F}=\frac{1}{n}\sum_{i=1}^{n}F_i$$

式中：F 为综合评价分值；F_i 为各单项组分评分值；$\bar{F}$ 为各单项组分评分值的平均值；F_{max} 为单项组分评价分值 F_i 中的最大值；n 为项数。

F 值的计算结果见表 4-7，根据表 4-7 划分地下水质量级别。评价参数主要为 pH 值、氨氮、硝酸盐、亚硝酸盐、挥发性酚类、氰化物、磷、汞、铬（Ⅵ）、总硬度、铅、氟、镉、铁、锰、溶解性总固体、高锰酸盐指数、硫酸盐、氯化物、大肠菌群等 20 余项。除琼北盆地承压水和部分火山岩潜水及部分松散岩类孔隙潜水的水样分析项目达到参数评价数目外，其余的松散岩类孔隙潜水、火山岩潜水、基岩裂隙水的水样分析项目均为全分析样，参与评价项目少，只有 pH 值、氨氮、硝酸盐、亚硝酸盐、挥发性酚类、氰化物、总硬度、铁、锰、硫酸盐、氯化物等 10 余项。对于铁、锰含量较高的地区，因该组分易于处理，在评价中未考虑这两项指标。

表 4-7　地下水质量级别划分标准

级别	优良	良好	较好	较差	极差
F	≤0. 80	0. 80～2. 50	2. 50～4. 25	4. 25～7. 20	≥7. 20

1. 松散岩类孔隙潜水的水质评价

松散岩类孔隙潜水共收集 22 个采样点的水质分析资料（表 4-8），地下水质量综合评价值 F= 0. 71～7. 38。属优良的有 4 个，占 18. 2%；属良好的有 12 个，占 54. 5%；属较差的有 4 个，占 18. 2%；属极差的有 2 个，占 9. 1%。地下水以良好级为主，其次为较差级和优良级，极差级仅分布于局部地区。如文昌迈号亚硝酸盐含量较高，海口滨海公园沿海地区氯化物、铁、锰、亚硝酸盐等组分含量严重超标，文昌锦山、七星岭、铺前新阜海等滨海区，由于采用海水冲选砂钛矿，导致海水严重污染浅层孔隙潜水，造成地下水 Cl^- 含量高达 17. 9g/L。儋州新英湾受海水入侵影响，Cl^- 和矿化度含量均较高，东南沿海海水养殖密集区，如三亚崖城保港、东方新村、文昌等地水质较差，不能作为生活饮用水水源。

2. 基岩裂隙水的水质评价

基岩裂隙水共系统收集 23 个采样点的水质分析资料，地下水质量综合评价值 F = 0. 71～7. 24（见表 4-8）。属优良的有 5 个，占 21. 7%；属良好的有 13 个，占 56. 5%；属较好的有 2 个，占 8. 7%；属较差的 2 个，占 8. 7%；属极差的有 1 个，占 4. 3%。基岩裂隙水中优良至较好级占总数的 86. 9%，地下水总体属优良至较好级，地下水硝酸盐含量普遍偏高，一般 28. 1～160mg/L。

3. 火山岩类裂隙孔洞水的水质评价

火山岩类裂隙孔洞水共收集 13 个采样点的水质分析资料，地下水质量综合评价值 F = 0. 71～7. 16（见表 4-8）。属优良级的有 2 个，占 15. 4%；属良好级的有 8 个，占 61. 5%；属较好级的有 1 个，占 7. 7%；属较差级的有 2 个，占 15. 4%。总体评价地下水属良好级，其中临高龙门至坡莲一带地下水硝酸盐含量偏高。

表 4-8　地下水水质统计表

水类型	采样位置	评价参数																		F 值
		pH 值	总硬度	溶解性总固体	硫酸盐	氯化物	铁	挥发性酚类	硝酸盐	亚硝酸盐	氨氮	氟化物	氰化物	砷	汞	铜	铬（Ⅵ）	铅	锰	
			单位：mg/L																	
松散岩类孔隙潜水	三亚田莉	7.02	70.6	87.6	<4	13	0.2		1.81	0.02	<0.02	0.23								0.72
	陵水英州	6.91	37.3	133.2	<4	17.3	<0.02		24.6	<0.004	<0.02	0.33								2.13
	乐东佛罗	7.35	224	424	10	70.8	<0.02		121	0.12	<0.02	0.35								7.19
	儋州中和	7.36	70.6	224	10	23.6	12*	<0.001	2.01	<0.004	<0.02	0.37	0.0089							0.71
	儋州海头	7.23	290	619	48	120	<0.02	<0.001	40.2	0.01	<0.02	0.15	0.0075							2.20
	海口滨海公园 C27	7.84	170	1101	<4	262	2.0*	<0.002	9.21	5.0	2.5	0.29	0.02	<0.005	<0.0005	<0.002		<0.01	0.598*	7.20
	文昌岛东林场 C18	7.13	7.8	50	4.0	18.0	0.1		2.09	<0.002	<0.02	0.067								0.00
	文昌美宝村 17	6.82	21.4	145	<4	48.1	<0.02	0.002	29.6	<0.002	<0.02	0.077	<0.002	<0.005	<0.0005	<0.002		<0.01	0.112*	2.17
	文昌七星岭 C16	7.43	3.19	33300	2500	17900	0.1		3.43	<0.030	<0.02	0.072								7.38
	文昌迈号	6.79	58.8	125	<4	18.9	<0.02		44.8	0.6	<0.02	0.32								7.13
	文昌昌洒	7.21	194	346	20	37.8	0.1		46.8	0.04	<0.02	0.25								2.19
	文昌罗豆	7.73	420	849	72	153	<0.02		78.6	0.01	<0.02	0.22								2.31
	琼海福田	7.11	124	222	24	45.6	<0.02		3.64	<0.004	<0.02	0.21								0.71
	琼山府城	6.84	158		40	43.3	0.26	<0.002	120	0.006	<0.02	0.11	0.01	<0.005	0.00054	0.0021	<0.004	<0.01	<0.01	4.32
	海口丁村电台	5.8	34.2	102	6.95	74.7	<0.01		24	0.002	<0.1	0.1								4.34
	海口向荣村	6.85	157.8	368.6	62.3	76.51	0.56*		52	0.04	<0.04	0.18								2.35
	澄迈金江	6.98	38.9	193	15.0	33.1	<0.02	<0.002	40.7	<0.002	<0.02	0.089	0.008	<0.005	<0.0005	<0.0002		<0.01	<0.01	2.16
	澄迈江东水厂	6.8	96.5		10.0	15.0	0.05		0.63	0.0015	0.005	0.10		0.005			0.006	0.024		2.14
	澄迈江东水厂	6.8			10.0	10.0	0.15		1.40	0.02	0.01	0.10		0.005			0.003	0.014		2.14
	澄迈金江江南水厂	6.9	96.2		10.0	10.0	0.05		0.63	0.0015	0.01	0.10		0.005			0.003	0.014	0.05	2.14
	澄迈金江冯平碑井	6.9	96.6		20.0	10.0	0.10		1.10	0.0025	0.01	0.20		0.001			0.006	0.012		2.14
	澄迈金江冯平碑井	6.8	83.1		10.0	10.0	0.005		0.63	0.0015	0.01	0.10		0.005			0.003	0.018	0.05	2.14
火山岩类裂隙孔洞水	海口石山春滕村	8.45	28.2	143	4.0	15.0	0.10	<0.002	13.8	<0.002	<0.02	0.085	<0.002	<0.005	<0.0005	<0.002		<0.01	<0.01	0.76
	临高龙门	7.17	161	287	18	70.8	1*	3.07	70.3	0.030	<0.02	0.21								7.16
	临高调楼	7.52	316	615	48	151	<0.02	<0.001	88.8	0.02	<0.02	0.19	0.012							2.32
	临高波莲	6.99	54.9	121	20	13	0.1	0.00254	15	<0.004	<0.02	0.26								4.27
	澄迈福山	6.12	27.5	71	<4	9.4	<0.02	0.00254	30.8	<0.004	<0.02	0.26								4.36

续表

水类型	采样位置	评价参数																		F值
		pH值	总硬度	溶解性总固体	硫酸盐	氯化物	铁	挥发性酚类	硝酸盐	亚硝酸盐	氨氮	氟化物	氰化物	砷	汞	铜	铬（Ⅵ）	铅	锰	
			单位：mg/L																	
火山岩类裂隙孔洞水	海口十字路	6.99	62.8	126	<4	7.9	<0.02		6.48	<0.004	0.1	0.15								2.14
	琼山云龙	7.04	54.9	107.3	<4	18.9	0.1	<0.001	6.68	0.01	<0.02	0.13	0.009							0.71
	海口那甲泉	7.23	52.4	123	8	11	<0.02	<0.001	4.32	<0.004	<0.02	0.18	0.011	<0.0003	0.00005	0.0016	<0.004	0.029	0.0033	2.15
	海口那甲泉	7.8	56		8	14.7	0.06	<0.002	6.74	<0.004	<0.02	0.19	<0.002	<0.005	<0.0005	<0.002	<0.004	<0.004	0.234*	2.16
	海口龙桥 M18-1	7.19	48.5	115.3	4	7.5	0.2	<0.001	1.2	<0.004	<0.02	0.11	0.012	<0.0003	<0.00004	0.0014	<0.004	<0.004	0.0063	2.14
	海口龙桥 M18-1	7.64	68.5		<6	14	0.16	<0.002	0.93	<0.004	<0.02	0.12	0.008	<0.005	<0.0005	<0.002	<0.004	<0.01	<0.01	2.17
	海口石山 M14-1	7.41	147	355	11.3	44.3	0.04	<0.001	7.72	<0.0003	0.01	0.26	0.003	<0.005	<0.00014	<0.0025	<0.001	0.001	0.002	2.13
	海口龙塘民井	7.64	68.5		12	16.8	0.04	<0.002	0.67	<0.004	<0.02	0.13	<0.002	<0.005	<0.0005	<0.002	<0.004	<0.001	0.014	2.15
基岩裂隙水	乐东千家	7.82	404	744	15	131	<0.02		159	0.010	<0.02	0.76							<0.05	7.18
	东方八所	7.24	138	284	24	34.6	0.1		42.6	0.010	<0.02	0.55								2.14
	万宁山根	6.93	92.2	261	15	64.5	0.1		86.4	0.03	<0.02	0.11								2.14
	儋州富克	7.45	165	417	<4	137	<0.02		76.9	0.01	<0.02	0.42								2.18
	昌江叉河	7.45	157	310	30	31.6	<0.02	<0.001	41.5	0.02	0.1	0.62	0.015							2.23
	乐东尖峰岭	7.11	198	432	20	64.7	<0.02		87.1	0.02	0.2	1.1								4.39
	陵水祖关	7.21	171	337	<4	56.7	0.1		55.6	0.01	<0.02	0.5								2.17
	保亭县城	6.69	58.8	170	<4	13	<0.02		33.7	<0.004	<0.02	0.28								2.14
	保亭响水	6.62	41.2	96	<4	17.3	0.12		7.45	<0.004	<0.02	0.27								2.12
	陵水田仔	7.92	90.4	201	4	11	0.5*		2.3	<0.004	0.1	0.76								2.14
	万宁嘉泰	7.95	66.8	172	5.3	21.2	0.6*		<0.04	<0.004	<0.02	0.21								0.71
	万宁东和	8.01	89.46	177.6	7.15	15.7	0.04		<0.1	0.04	<0.02	0.52								0.71
	三亚羊栏	7.5	234	410	6.8	70.7	0.54*		1.3	<0.004	<0.02	0.45								0.77
	文昌重兴	6.77	70.6	186	8	40.9	0.6*		10	<0.004	<0.02	0.14								0.72
	琼海阳江	6.56	41.2	124	8	23.6	0.1		28.1	0.040	<0.02	0.11								2.16
	琼海和安乡	6.74	74.5	241	<4	43.6	<0.02		73.9	<0.004		0.4								2.14
	澄迈仁兴	7.11	43.2	160	<4	18	<0.02	<0.001	57.5	<0.004	<0.02	0.17	0.0052							2.14
	澄迈中兴	6.84	155	370	<4	73.7	<0.02		89.6	0.12	1	0.24								7.24
	澄迈新兴	6.73	161	392	15	46.6	<0.02		160	0.080	<0.02	0.17								4.35

续表

水类型	采样位置	评价参数																		F值
		pH值	总硬度	溶解性总固体	硫酸盐	氯化物	铁	挥发性酚类	硝酸盐	亚硝酸盐	氨氮	氟化物	氰化物	砷	汞	铜	铬（Ⅵ）	铅	锰	
			单位：mg/L																	
基岩裂隙水	屯昌乌坡	7.75	267	476	40	137	0.1	<0.001	53.3	0.03	<0.02	0.18	0.0029							2.17
	屯昌屯城	7.48	100	229	<4	36.1	<0.02	<0.001	105	0.010	0.5	0.14	0.0048							4.33
	琼海文塘	8.42	118	240	7.7	32.9	0.2		<0.04	<0.004	<0.02	0.87								0.72
	南吕农场	8	136	233	1	25.5	0.8*		0.906	<0.004	0.04	0.63								2.14
松散半固结岩类孔隙承压水	澄迈老城镇 M43	8.42	151	244	6	9	0.1	<0.001	1.6	<0.004	<0.02	0.27	0.012	0.0477	0.00006	0.0034	<0.004	0.029	2*	2.21
	澄迈老城镇 M43	8.24	158		6	17.5	0.16	<0.002	0.71	<0.004	<0.02	0.22	0.02	0.0238	<0.0005	<0.002	<0.004	<0.01	0.0631	2.27
	海口海峡所 M30	8.42	293	750	10	33.1	0.1	<0.001	5.74	<0.004	<0.02	0.27	0.011	<0.0003	<0.00003	0.0074	<0.004	0.05	0.12*	4.32
	海口海峡所 M30	7.85	1850		120	2190	0.56*	<0.002	1.4	1.6	1.6	0.19	0.004	<0.005	0.00082	0.011	0.004	0.046	0.703*	7.51
	海口桂林洋 M39	8.44	163	290	20	18	0.1	<0.001	1.1	<0.004	<0.02	0.19	0.012	0.0109	0.00007	0.0035	<0.004	0.029	0.008	2.19
	海口桂林洋 M39	8.28	174		16	25.2	0.06	<0.002	<0.3	<0.004	<0.02	0.16	0.03	0.0268	0.00054	<0.002	<0.004	<0.01	0.012	2.24
	海口龙塘 M90	8.41	142	211	<4	11	<0.02	<0.001	3.99	<0.004	<0.02	0.18	0.011	0.0013	0.00005	0.0021	<0.004	<0.01	0.003	2.14
	海口龙塘 M90	8.38	154		<6	18.2	0.06	<0.002	5.23	0.004	<0.02	0.089	0.024	0.0077	0.00065	<0.002	<0.004	<0.01	0.72*	2.23
	海口电大 M51	7.96	111		30.5	25.7	0.02	<0.001	0.16	0.013	<0.01	0.17	0.0027	<0.005	0.00013	<0.0025	<0.001	0.0009	0.015	2.14
	海口电大 M51	8.37	118		26	26.6	0.1	<0.002	0.36	0.004	<0.02	0.18	0.03	0.0056	0.00068	<0.002	<0.004	<0.01	0.0436	2.19
	海口九小新井	8.28	109		14	21	1.12*	<0.002	1.3	0.120	<0.02	0.2	<0.002	<0.005	<0.0005	<0.002	<0.004	<0.01	<0.01	7.12
	海口劳动局	7.8	220		44.4	28.6	0.06	<0.001	0.038	0.007	<0.01	0.19	0.002	<0.005	<0.00005	<0.0025	<0.001	0.0012	0.0634	2.15
	海口劳动局	8.02	235	380	26	24.1	<0.02	<0.001	0.49	<0.004	<0.02	0.17	0.012	<0.0003	0.00003	0.005	<0.004	0.048	0.096	2.20
	海口金盘 M96	8.35	168		12	18.2	<0.02	<0.002	<0.3	<0.004	<0.02	0.18	0.004	0.0057	<0.0005	<0.002	<0.004	<0.01	0.013	2.17
	海口音书村 M92	7.96	101		3.28	15.7	0.03	<0.001	0.445	<0.0003	<0.01	0.23	0.0029	<0.005	0.0001	<0.001	<0.001	0.001	0.0574	2.14
	海口音书村 M92	8.38	101	229	6	11	<0.02	<0.001	0.55	<0.004	<0.02	0.087	0.011	0.001	<0.00003	0.0038	<0.004	0.029	0.29*	2.16
	海口美安 M65	8.06	162		6.36	13	0.26	<0.001	0.005	<0.0003	<0.01	0.32	0.0031	<0.005	0.00017	<0.0025	<0.001	0.001	0.016	2.15
	海口美安 M65	8.38	159	204	6	9	0.1	<0.001	0.930	<0.004	<0.02	0.24	0.012	0.0015	0.00005	0.0025	<0.004	0.023	0.012	2.16
	海口苍西村	7.81	157		4.48	15.7	0.22	<0.001	0.009	<0.0003	<0.01	0.36	0.0025	<0.005	<0.00005	<0.0025	<0.001	0.002	0.0297	2.15
	海口光华机械	8.42	118		6	9	<0.02	<0.001	0.530	0.010	<0.02	0.18	0.012	0.0034	<0.00003	0.0023	<0.004	0.017	0.02	2.16
	海口资源厅住宅区	8.25	237		42	28	0.02	<0.002	<0.3	<0.004	<0.02	0.16	<0.002	<0.005	0.00062	<0.002	<0.004	<0.01	0.029	2.19
	海口九小 M64	7.63	216		17.6	139	0.5*	<0.001	0.005	<0.0003	0.02	0.11	0.0026	0.00249	0.00077	<0.00005	<0.001	0.0013	0.0145	2.14
	海口九小 M64	8.06	244	420	18	135	0.1	<0.001	0.12	<0.004	0.1	0.3	0.012	0.001	0.00007	0.0049	<0.004	0.05	0.16*	2.24
	海口拔南村	8.4	147		3.81	17.1	0.02	<0.001	0.170	<0.0003	<0.01	0.3	0.0025	0.01139	<0.00005	<0.00005	<0.001	0.0012	0.0705	2.14
	地矿局招待所 C26	7.99	47.7	257	15.0	31.6	0.10	<0.002	1.75	<0.002	<0.02	0.13	<0.002	<0.005	<0.0005	<0.002		<0.01	0.030	0.76
	海口石山镇政府 C22	7.68	85.6	308	6.0	55.6	<0.02	<0.002	59.8	<0.002	<0.02	0.087	<0.002	<0.005	<0.0005	<0.002		<0.01	<0.01	2.16

* 表示未参与统计。

（据张宗祜，2005）

4. 松散半固结岩类孔隙承压水的水质评价

琼北承压水盆地赋存多层组的地下水，水量丰富，是琼北地区主要生活用水水源地。共系统收集了26个第1、2、3、4含水层的水质分析资料，地下水质量综合评价值 $F=0.76\sim7.51$（见表4-8）。属优良级的有1个，占3.8%；属良好级的有22个，占84.6%；属较差级至极差级的有3个，占11.5%。总体评价地下水属良好级。其中第2、3层承压水为琼北地区矿泉水的开采层，水中偏硅酸、锶的含量均达到国家饮用天然矿泉水标准，属低矿化度、含锶偏硅酸矿泉水，如海口金盘矿泉水、椰树矿泉水、伊莎贝尔矿泉水、东坡矿泉水等。

局部地区地下水铁、锰超标，除铁、锰后方可饮用，如音书村M92孔、老城镇M43孔、龙塘镇M90孔及海口市第九小学M64孔等地承压水中铁、锰含量均较高。海口第九小学M64孔和海峡所M30孔分别检出超标的 NO_2^-、Cl^-，其含量明显偏高，分别为135mg/L和2190mg/L，且铁、锰、NH_4^+ 等多项超标，水质较差。

5. 碳酸盐岩类裂隙溶洞水

岩溶地区地下水开采井较少，近年来的水质分析资料收集难度较大，根据《海南岛1∶20万区域水文地质普查报告》和《海南大茅磷矿水文地质勘查报告》等资料，岩溶水总体上水质较好，水温25~26℃，pH值6.7~7.15，为Ⅰ类水，可作生活饮用水。

总之，海南岛地下水水质总体为良好级，但在局部地区，尤其在沿海地区有咸水、高氟水和铁质水的分布，水质较差，不能作为生活饮用水水源。

三、地下水资源开发利用现状

地下水是城镇工业、农村用水的重要水源，其次为农业浇灌的水源。海南岛地下水可开采资源量为 $60.44\times10^8m^3/a$（表4-9），2000年总开采量为 $3.96\times10^8m^3/a$，占可开采资源量的6.55%，开采程度较低。以市（县）为单位计算，海口开采程度达38.4%，临高、澄迈开采程度在10%左右，其余市（县）开采程度均小于10%。年总开采量中，松散岩类孔隙潜水为 $1.46\times10^8m^3$，岩溶水为 $0.01\times10^8m^3$，基岩裂隙水和火山岩类裂隙孔洞水为 $1.55\times10^8m^3$，深层承压水为 $1.9\times10^8m^3$。

海口市地下水资源开发利用的最大特点是以椰树集团为龙头的26家饮料食品工业企业，利用水质优良的地下水开发椰树矿泉水、金盘矿泉水等饮料产品，2003年创工业产值26.78亿元，占海口市工业总产值的11.21%，地下水开发利用在社会经济发展中有较高的地位。

地下水开采方式：松散岩类孔隙水和基岩裂隙水以民井开采为主，次为机井或锅井；火山岩潜水以民井开采为主，次为引泉灌溉和机井；岩溶水和深层承压水以机井开采为主。据不完全统计，海南岛现有机井1200多眼，琼北地区承压水开采井有900多眼。

松散岩类浅层地下水主要为农村生活用水，其次为渔业和农业用水；岩溶水主要为农村生活用水；基岩裂隙水和火山岩类裂隙孔洞水为农村生活用水；深层承压水主要为城市生活用水，其次为工业用水。

四、地下水资源开发利用潜力分析

海南岛地下水可开采资源量为 $60.44\times10^8m^3/a$，1999年开采量为 $4.92\times10^8m^3$（2000年开采量为 $3.96\times10^8m^3$，为保证程度更高，故取大值），剩余量为 $55.52\times10^8m^3$，地下水资源潜力很大。其中，松散岩类地下水资源区和深层承压水可开采资源量 $17.68\times10^8m^3/a$，现状开采量为 $3.36\times10^8m^3/a$，剩余量 $14.32\times10^8m^3/a$；岩溶水可开采资源量 $0.47\times10^8m^3/a$，现状开采量为 $0.01\times10^8m^3/a$，剩余量 $0.46\times10^8m^3/a$；中部基岩地下水资源区可开采资源量 $36.89\times10^8m^3/a$，现状开采量为 $0.71\times10^8m^3/a$，剩余量 $36.18\times10^8m^3/a$，但由于该区地下水分布极不均匀，就目前研究程度而

言，无集中供水意义；火山岩类裂隙孔洞水可开采资源量 $5.41\times10^8m^3/a$，现状开采量 $0.84\times10^8m^3/a$，剩余量 $4.57\times10^8m^3/a$。从各种类型的地下水可开采资源剩余量分析，各种类型的地下水资源开采潜力很大。就各市（县）开采程度而言，除海口市开采程度为38.4%外，其余均小于20%；而深层承压水海口市现状开采资源量 $2.26\times10^8m^3/a$，剩余量 $3.63\times10^8m^3/a$，开采程度38.4%，开采潜力较大，其余市（县）开采程度小于20%，仍有很大开采潜力（表4-9）；八所-感城自流斜地、莺歌海-九所自流盆地、崖城自流盆地、三亚自流盆地和藤桥-林旺自流盆地地下水可开采量小，不能满足人们生活和生产的需要，且莺歌海-九所自流盆地和三亚自流盆地局部地区含水层封存条件好，补径排条件差，存在古封咸水，造成水资源缺乏；火山岩台地区虽然地下水资源丰富，但由于水位埋藏深，开采方式为民井，开采条件较差，为工程性缺水地区，在降水量较小的春季易造成暂时性用水紧张；东方、乐东、三亚等市（县）沿海地区由于水质较差、水量少，存在资源性和水质性缺水。

表4-9　地下水资源开采评价表

市（县）	可开采资源量/($10^8m^3\cdot a^{-1}$)	现状开采量/($10^8m^3\cdot a^{-1}$)	剩余量/($10^8m^3\cdot a^{-1}$)	开采程度/%
海口	5.89	2.26	3.64	38.4
文昌	4.66	0.20	4.46	4.3
定安	1.77	0.11	1.66	6.2
琼海	2.89	0.16	2.73	5.5
万宁	4.18	0.22	3.96	5.3
陵水	2.30	0.12	2.18	5.2
三亚	1.70	0.13	1.57	7.6
乐东	3.00	0.20	2.80	6.7
东方	2.60	0.14	2.46	5.4
昌江	1.84	0.07	1.77	3.8
白沙	2.82	0.06	2.76	2.1
儋州	5.93	0.33	5.60	5.6
临高	2.46	0.23	2.23	9.3
澄迈	4.26	0.44	3.82	10.3
屯昌	1.92	0.09	1.83	4.7
琼中	8.97	0.07	8.90	0.8
五指山	1.42	0.03	1.39	2.1
保亭	1.83	0.06	1.77	3.3
合计	60.44	4.92	55.52	8.1

第五章　热带植被生态环境

第一节　热带植被类型及分布特征

海南是我国唯一的热带省份。海南岛总体地貌为中间高、四周低，中部山区标高 1000m 以上的山峰有 37 座。

海南岛植被类型主要为自然植被和人工植被。植被的分布及其特征受海南岛自然条件的地域差异影响。地貌由内向外从高到低呈环状（或层状）结构，热量自北向南增加，寒害则自北向南减轻，水分由东向西减少，水热不协调的程度较为突出，山地景观自山麓向山顶垂直分布（图 5-1）。热带植被种类较为齐全，其独特的热带生态环境造就了生物资源的多样性，其分类见表 5-1。

表 5-1　热带植被分类

<table>
<tr><th colspan="5">植被类型</th><th>分布特征</th><th>面积
km²</th></tr>
<tr><td rowspan="16">天然植被</td><td rowspan="9">热带森林植被</td><td rowspan="2">季雨林</td><td colspan="2">常绿季雨林</td><td>分布标高一般为 500m 左右</td><td>2244. 1</td></tr>
<tr><td colspan="2">落叶季雨林</td><td>分布标高一般为 500~1000m</td><td>1680. 8</td></tr>
<tr><td rowspan="3">雨林</td><td colspan="2">沟谷雨林</td><td>分布标高为 350~1100m 的沟谷地形</td><td>31. 1</td></tr>
<tr><td rowspan="2">山地雨林</td><td>低山雨林</td><td>分布于中山区低标高的山坡</td><td rowspan="2">997. 8</td></tr>
<tr><td>中山雨林</td><td>分布于低山雨林垂直分带之上的山坡</td></tr>
<tr><td rowspan="2">常绿阔叶林</td><td colspan="2">山地常绿阔叶林</td><td>分布标高在 1000~1500m 之间</td><td>334. 8</td></tr>
<tr><td colspan="2">山顶矮林</td><td>分布标高在 1000m 以上山顶部位或山脊</td><td>57. 5</td></tr>
<tr><td colspan="3">针叶林</td><td>分布于坝王岭和琼中松涛库区</td><td>104. 5</td></tr>
<tr><td colspan="3">红树林</td><td>分布于东寨港、高隆湾，其他滨海潟湖</td><td>24. 0</td></tr>
<tr><td rowspan="3">灌丛</td><td colspan="3">稀树灌丛</td><td>分布标高较低，一般在丘陵至低山区较多</td><td>3032. 8</td></tr>
<tr><td colspan="3">灌木草丛</td><td>分布标高较低，一般在台地至丘陵区较多</td><td>2537. 5</td></tr>
<tr><td colspan="3">刺灌丛</td><td>分布标高不一，一般在滨海平原至台地区较多</td><td>944. 3</td></tr>
<tr><td rowspan="4">草原</td><td colspan="3">稀树草原</td><td>分布于海南岛西部的棕红盐土区</td><td>72. 5</td></tr>
<tr><td colspan="3">湿性草原</td><td>分布于文昌翁田—公坡—文教一带</td><td>235. 9</td></tr>
<tr><td colspan="3">低丘台地草原</td><td>分布于低丘台地向平原过渡区</td><td>2006. 7</td></tr>
<tr><td colspan="3">丘陵山地草原</td><td>分布于中部低中山和低山丘陵区</td><td>3476. 4</td></tr>
<tr><td rowspan="3">人工植被</td><td colspan="4">经济林（园）</td><td>分布于全岛</td><td>5925. 5</td></tr>
<tr><td colspan="4">用材林</td><td>分布于全岛</td><td>738. 0</td></tr>
<tr><td colspan="4">农业植被</td><td>分布于冲洪积平原、冲积平原及山间平原</td><td>9479. 8</td></tr>
</table>

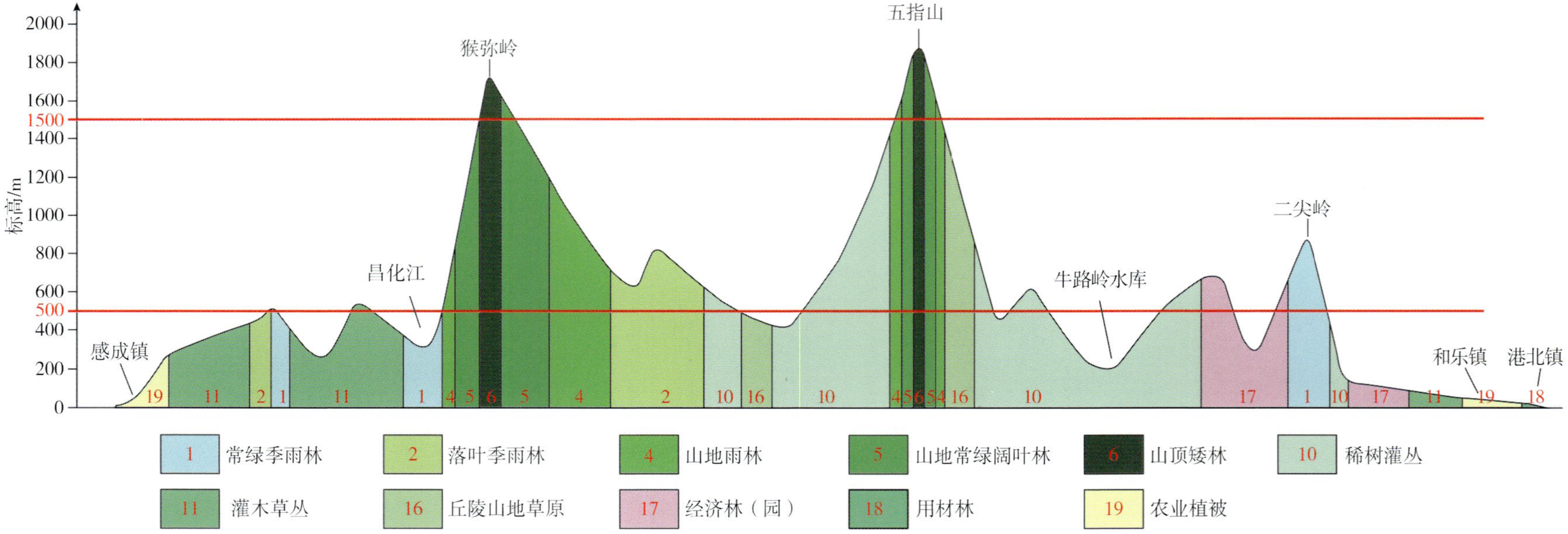

图 5-1 海南岛植被剖面图

一、自然植被类型及分布特征

海南岛自然植被发育，依据自然植被特性可分为热带森林植被、灌丛、草原。

（一）热带森林植被

海南岛的热带天然林，基本分布于标高500m以上的山地，森林植被分带明显。由于山地云雾多、气温较低、湿度较大和蒸发量较小、终年湿润等热带山地生境特点，天然植被也相应形成一种热带山地雨林。群落结构、外貌和组成成分与平地季雨林有明显差别，并带有热带常绿阔叶林的色彩。在局部地区的低山下部偶见有平地的热带针叶林和季节林，同时标高1000m以上的森林随标高升高而在林内出现愈来愈多的散生针叶林，使森林表现出逐渐向高山针叶林带过渡的趋势，包括了一系列不同标高和地形的各种群落类型，热带森林植被划分为季雨林、雨林、常绿阔叶林、针叶林、红树林。

1. 季雨林

季雨林为本区分布面积最大的一种高级乔木群落类型，根据其生长特性可划分为常绿季雨林、落叶季雨林。常绿季雨林主要分布于鹦哥岭以西，雅加大岭、猴猕岭、尖峰岭及五指山往南至同安岭、三角山等大部分地区，分布标高一般在500m左右，面积约2244.1km^2，局部分布标高较高，在乐东、三亚低标高丘陵地区呈片状分布。落叶季雨林主要分布于白沙盆地的大部分地区，面积1680.8km^2，鹦哥岭、黎母山、尖峰岭，猴猕岭局部地带有少量分布，其分布区标高较高，一般在500~1000m之间，季节分异明显，常和灌木、刺丛混生，分布面积较小。

2. 雨林

雨林包括沟谷雨林和山地雨林。沟谷雨林主要分布于标高350~1100m的沟谷地形中，分布面积约31.1km^2，标高在尖峰岭为350~950m，五指山为750~900m，三角山为300~1200m，吊罗山在800m以下。山地雨林根据其垂直分带特性，可进一步细划为低山雨林、中山雨林，分布面积约997.8km^2。低山雨林主要分布于中山区低标高的山坡上，垂直分带的标高下限在500m左右，上限为1000~1100m，上、下限均由于东部湿润、西部干燥而表现出东低、西高的现象；中山雨林分布于低山雨林垂直分带之上的山坡上，从标高1000~1100m开始，随着标高的升高而向高山针叶林过渡，主要分布于五指山、吊罗山、三角山、尖峰岭、黎母岭，呈小片状分布。

3. 常绿阔叶林

常绿阔叶林包括山地常绿阔叶林和山顶矮林。山地常绿阔叶林分布于五指山、鹦哥岭、雅加大岭、尖峰岭、吊罗山的中上部，标高在1000~1500m之间，分布面积约334.8km^2；山顶矮林分布于五指山、鹦哥岭、猴猕岭、雅加大岭、尖峰岭、吊罗山，标高在1000m以上，随各山岭标高不同而有所差异，分布面积57.5km^2。在群山区，如五指山的山顶矮林分布于标高1500m以上；在孤峰区，如尖峰岭则在1000m以上，分布地形为山脊部或孤峰顶部。

4. 针叶林

针叶林主要分布在乐东境内，坝王岭和琼中松涛库区也有少量分布，分布面积较小，约104.5km^2。海南五针松纯林在乐东境内分布，南亚松纯林在丘陵、台地区分布较广，标高600m以上的局部山地也有分布，仅坝王岭和琼中松涛库区尚存有大片天然针叶林纯林。南亚松纯林主要分布于山脊、山坡和山间盆地，沟谷内仍由阔叶林占据。

5. 红树林

红树林由于其生长环境，一般指海滩红树林，为热带海岸潮间带特有的水生乔灌木群落类型。它在涨潮时泡在海水中，退潮时又出现在海滩上，故又被称为“海底森林”。主要分布于东北部铺前湾东寨港、东部高隆湾，面积约 24.0km²。此外，清澜港、小海、新村港、三亚河、榆林港、新英港、临高角滨海潟湖等亦有零星分布。其中，分布面积最大、品种最多的区域为铺前湾的东寨港，面积约 18km²。

（二）灌丛

灌丛主要指各类灌木、高山矮林以及天然林砍伐后沦为的灌木草丛。一般可划分为稀树灌丛、灌木草丛、刺灌丛。岛内灌木草丛分布较广，以三亚灌木草丛最多，占全岛灌木草丛的 13.2%，乐东和东方灌木草丛面积次之，分别占全岛同类面积的 12.3%、11.7%，此外，万宁、琼海、文昌也有分布。在沿海，灌木草丛对土地沙化、水土流失等有一定的防护作用。

1. 稀树灌丛

稀树灌丛分布标高较低，一般在丘陵至低山区分布较多，天然林砍伐后的中山地区亦有分布。稀树灌丛主要呈大片状分布，面积约 3032.8km²。分布于昌江、白沙、乐东、万宁、琼海、琼中、屯昌等市（县）。

2. 灌木草丛

区内灌木草丛分布标高较低，一般在台地至丘陵分布较多。主要分布于昌江、东方、乐东、儋州等市（县）及万宁、琼海、文昌、澄迈等市（县）的局部地区，面积约 2537.5km²。

3. 刺灌丛

区内刺灌丛分布标高不一，一般在滨海平原至台地区分布较多，面积约 944.3km²。主要分布于新英港至昌化港沿海、感城至白沙河口、保港至铁炉港及陵水、万宁、文昌等地的沿海地区，此外，定安、海口局部内陆地区也有分布，其中三亚分布较广。

（三）草原

岛内草地资源丰富，草原可分为稀树草原、湿性草原、低丘台地草原、丘陵山地草原 4 种类型。主要分布于海南岛西南部及中部地区，东部地区有少量分布，多为低山丘陵草地，坡度为 10°~30°，连片面积较大，多在万亩以上。从行政区来看，琼中草地面积最大，为 120 万亩❶；其次为白沙、东方和保亭，分别为 92 万亩、90 万亩和 56 万亩。

1. 稀树草原

稀树草原属中性草地类型，分布于海南岛西南部的棕红盐土区，土盐砂质重、肥力低，常风大、年降水量在 1000mm 以下，气候干旱。稀树草原分布面积较小，主要分布于白沙邦溪一带，面积约 72.5km²。

2. 湿性草原

湿性草原主要分布于文昌翁田—公坡—文教一带，少量分布于乐东白沙河口附近，分布总面积 235.9km²，主要生长在季节性积水和地下水水位较高的潮湿地区。

3. 低丘台地草原

低丘台地草原分布于低丘台地向平原过渡区，由花岗岩和变质岩风化而成的砖红盐土区，属中性草地类型，面积 2006.7km²。一般标高 500~150m，草被层高 50~80cm，覆盖率 80%~90%。低丘台地草原分布于琼海、定安、澄迈、临高、儋州、昌江、东方等市（县），其中，儋州、澄迈、东方等市（县）分布面积较大，乐东分布面积较小。

---

❶ 1 亩≈666.7m²。

4. 丘陵山地草原

丘陵山地草原主要分布于中部低中山和低山丘陵区标高500m以上的森林边缘及沟谷附近，面积3476.4km^2，主要分布于霸王岭、莺哥岭、吊罗山、五指山等高标高山区，在万宁牛角岭至正门岭一带及陵水和万宁交界地带的低标高地区亦有少量分布，在宁远河上游和万泉河上游枫木地区也有分布。

二、人工植被

海南岛气候条件优越，适合多种林木、果树的种植，且经人类长期开发利用，人工植被覆盖面积较大。人工植被可分为经济林（园）、用材林、农业植被3种类型，面积约16143.3km^2。

（一）经济林（园）

海南岛经济林种类多，有橡胶、果树、茶树、桉树、人工速生林及槟榔林等，除中部山区以外，在岛内山地向丘陵、台地、平原、滨海过渡地带广泛分布，面积约5925.5km^2，其中，儋州境内分布面积最广。

橡胶在岛内被广泛种植，主要分布于标高20~400m、坡度30°以下区域，其中，儋州境内分布面积最大，其产量占全岛的16.4%，占全国的9.8%。其次是万宁、琼海，在两市西北部山地丘陵边缘，集中了大部分橡胶园。五指山市由于地小、山陡，种植面积相对小些，有7万余亩。

果树以柑、橘、香蕉、龙眼、荔枝、芒果等热带水果为主，龙眼、荔枝主要在万宁、白沙、琼中、保亭成规模种植；芒果、香蕉主要种植在西北部的昌江、白沙、东方、乐东等市（县），规模较大。白沙果树林木分布很不均匀，以西北部的荣邦最多，中东部的白沙镇主要种植香蕉、芒果、荔枝、龙眼等果树。

茶树分布面积最多的是琼中，占全岛的37.6%，其次是保亭，占全岛的16.4%。白沙茶树种植以白沙农场最多，其制成品“白沙绿茶”享誉海内外。

椰树、槟榔林多在自然村落附近零星种植。种植地主要在文昌、琼海、万宁、陵水、三亚等市（县）以及乐东部分地区。

桉树及木麻黄随着近年市场对纸张需求的增加以及金海纸浆厂的建设，其种植面积不断扩大，种植较多的地区主要有儋州、东方、三亚等市（县）。

（二）用材林

海南岛用材林是一种为单一目的而种植的单一树种林，如桉树，另一种是为其他作物受风害影响而种植的防风林带。其主要分布于东部、东南部、西南部沿海地区，北部主要分布于海口新海至临高角沿海地区，面积738.0km^2。

单一目的用材林近年种植面积不断扩大，其主要树种为大叶桉、小叶桉、木麻黄、陆均松等，主要分布在台地、低丘区，在儋州西北部种植较多，其他地区亦有种植。

防风林带分胶园防护林、沿海防护林。沿海防风林主要分布于沿海平原台地，地势低平，标高一般小于20m，地面坡度小于6°，主要起保护农田、固沙、防风改造环境的作用。胶园防风林主要分布于丘陵、台地区，和宜胶地分布基本一致，起保护胶园作用。树种多为木麻黄、陆均松、小叶桉、大叶桉等。

（三）农业植被

海南岛农业植被以水稻、甘蔗为主。水稻种植多分布于沿海山前冲洪积平原、河流冲积平原及中部山间平原，面积 9479.8km²。其中，儋州、东方、乐东、三亚、陵水、万宁、琼海、文昌、海口等市（县）部分地区水稻种植面积较大，以琼北及琼西南第三纪（古近纪、新近纪）沉积盆地区农业生产相对发达，农业植被较好。甘蔗种植多分布于剥蚀丘陵台地区，种植面积较大的地区有儋州、白沙、昌江、澄迈、临高、屯昌、定安等市（县），其他市（县）零星分布。

第二节　适宜热带水果（芒果）生长的地质环境条件

海南岛热带水果较为丰富，主要有芒果、香蕉、荔枝、龙眼等。芒果是区内重要的热带水果，海南芒果的种植基本集中于昌江、东方、乐东、三亚、白沙等市（县），2002 年全区种植面积 10.86 万亩。昌江县有“芒果之乡”之称，近年来芒果生产得到了较快发展，对产区经济发展起了重要作用，2003 年芒果产量 13.99×10^4t，增长 28.8%。

本次工作，以芒果为例，调查研究了区内种植的鸡蛋、象牙、台农等 3 个主要芒果品种的质量、种植土壤的环境质量及其相互关系，并在此基础上，对比分析了区内主要土壤养分及微量元素的特征，提出了区内适宜种芒果的土壤类型。

一、芒果质量特征

（一）样品采集和分析测试

为研究岛内芒果质量状况，采集了岛内主要芒果场种植的鸡蛋、象牙、台农 3 个品种的芒果果实和叶片样品进行分析测试。采集样品的主要芒果场有昌江七差海创（恒泰）、文昌及天和、石碌铁矿区新东区、正美山、氧气厂芒果场，十月田镇兴达芒果场，昌化铅锌矿区芒果场，东方探贡芒果场，乐东秦丰芒果场、黑龙江芒果场，三亚南田农场黎场、长田分场、东风场芒果场和董家果园等。

芒果果实样品采集时间为 4 月底至 6 月初。采样方法为在种植场内每种芒果随机选择 10～15 株果树，每株果树按东、西、南、北方向各摘取一个八成熟果组成一个样品，在实验室洗涤、去皮和核，用植物捣碎机制样，用于分析总糖、可溶性糖、可溶性固形物、有机酸；去皮和核，切成细粒状，经晾晒至干，用于测定 K、Ca、Mg、Fe、Mn、P、Zn、Cr、As、Pb、Hg、Cd、Cu、六六六、DDT。

（二）营养和有害组分分析

1. 芒果的营养组分分析

根据芒果的营养组分含量统计分析，3 种芒果的营养组分总糖、可溶性糖、有机酸含量都较高，平均分别达到 14.300%、13.373%、1.385%；可溶性固形物含量相对较低，平均为 14.592%，低于国内广西元江、四川攀西等地区芒果的含量；芒果中矿物质丰富，K、Mg、Fe、Mn、P、Zn 等的含量都高于广东产芒果，尤其是对人体有益的 Zn 平均含量为 71.518mg/kg，最高达 988mg/kg（表 5-2）。

总体来说，鸡蛋芒果总糖、可溶性糖、有机酸、可溶性固形物等含量最高，并含有相对丰富的矿物质，其口感和质量较好，象牙、台农两种芒果质量相对较差。

2. 芒果的有害组分分析

按《无公害食品（芒果）标准》（NY 5024—2001）的安全卫生指标，对芒果的有害组分进行了测试分析（表 5-3）。芒果中六六六、DDT 含量低于无公害芒果标准限量值的几十至百余倍，Cr、As、Cd 含量也低于无公害芒果标准的限量值。部分芒果样品 Pb 含量超过无公害芒果标准限量值，Cu、Hg 含量分别有 1 个和 2 个芒果样品超过标准限量值，部分样品 Hg 含量接近标准限量值。因此，对芒果质量影响最大的有害组分主要是 Pb 和 Hg。

表 5-2　芒果营养物质含量统计　　含量/（$mg \cdot kg^{-1}$）

品种		总糖	可溶性糖	可溶性固形物	有机酸	K	Ca	Mg	Fe	Mn	P	Zn
鸡蛋	范围	14. 13~18. 73	12. 46~16. 93	13. 92~17. 15	0. 99~1. 92	0. 57~1. 06	0. 021~0. 54	0. 05~0. 071	45~148	14. 6~42. 3	780~1100	6. 4~101
	平均值	16. 854	15. 410	16. 678	1. 441	0. 800	0. 041	0. 063	89. 714	21. 629	950. 429	23. 243
象牙	范围	10. 41~19. 36	9. 99~1918	11. 32~20. 09	0. 93~1. 95	0. 59~0. 97	0. 015~0. 078	0. 0049~0. 059	143. 660	12. 5~93	787~1181	9. 0~988
	平均值	13. 507	12. 724	13. 968	1. 405	0. 824	0. 037	0. 045	332. 300	34. 440	939. 300	128. 540
台农	范围	9. 92~16. 29	9. 59~15. 75	9. 6~18. 57	0. 85~1. 78	0. 77~0. 94	0. 015~0. 062	0. 04~0. 053	112. 355	8. 3~129	596. 980	5. 7~70. 4
	平均值	12. 310	11. 820	12. 924	1. 264	0. 848	0. 049	0. 048	234. 600	72. 060	783. 400	25. 060
区域平均值		14. 300	13. 373	14. 592	1. 385	0. 822	0. 041	0. 051	232. 955	38. 914	907. 409	71. 518
广东						0. 0138		0. 0014	0. 2	0. 20	11	0. 09
广西元江		12. 84~14. 33		15~23								
四川攀西地区				14. 7~23. 4								

不同品种的芒果有害组分含量不同：Pb、Hg、Cu、Cd、As 等主要有害元素的平均含量呈象牙芒果>台农芒果>鸡蛋芒果，Cr 的平均含量呈台农芒果>象牙芒果>鸡蛋芒果。因此，从有害组分的含量来看，鸡蛋芒果质量最好，其次是台农芒果，象牙芒果质量较差。

表 5-3　芒果有害组分含量统计　　单位：mg/kg

品种		DDT	六六六	Cr	As	Cu	Pb	Hg	Cd
鸡蛋	范围			0. 04~0. 24	0. 03~0. 12	4. 5~7. 2	142~669	2. 74~10. 32	4. 5~11. 4
	平均值			0. 109	0. 073	5. 886	277. 571	6. 601	7. 986
象牙	范围	<0. 005	<0. 001~0. 002	0. 07~0. 48	0. 07~4. 63	3. 6~514	42~1837	3. 7~11. 83	5~17. 8
	平均值	<0. 005		0. 184	0. 619	67. 140	655. 20	7. 144	8. 76
台农	范围	<0. 005	0. 002~0. 011	0. 12~0. 28	0. 05~0. 19	3. 7~15	7~189	2. 97~7. 11	6. 5~10. 9
	平均值	<0. 005		0. 200	0. 120	8. 880	71. 20	5. 388	8. 360
区域平均值		<0. 005		0. 164	0. 332	34. 864	402. 318	6. 572	8. 423

续表

品种	DDT	六六六	Cr	As	Cu	Pb	Hg	Cd
《无公害食品（芒果）标准》（NY 5024—2001）	≤0.1	≤0.2	≤0.5	≤0.5	≤10	≤200	≤10	≤30

不同地区种植的芒果有害组分含量不同：昌江石碌地区的芒果 Pb、Hg、Cd 平均含量分别为 624mg/kg、7.6mg/kg、8.525mg/kg，明显高于其他地区（分别为 136mg/kg、5.291mg/kg、8.23mg/kg）。

从芒果营养组分和有害组分的含量综合分析，鸡蛋芒果最好，台农芒果次之，象牙芒果较差。

二、芒果质量与土壤环境

土壤环境质量是影响种植的重要地质条件，本次重点调查研究了区内种植芒果主要土壤的养分及环境质量、芒果质量与土壤物质组分的关系，并提出种植芒果的土壤地质条件。

（一）土壤养分及环境质量

按成土母质划分，芒果种植区土壤主要有花岗岩类土壤、砂页岩类土壤及浅海沉积物类土壤，这 3 类母质土壤也是区内的主要土壤，其分布面积最大，是作物种植的主要土壤。本次工作主要分析测试了这 3 类母质土壤的养分及微量元素含量，评价了其环境质量。

总体分析，土壤的养分含量较低（表 5-4），有机质、全氮平均含量分别达到国家第二次土壤普查分级标准中的 4 级标准和 5 级标准，浅海沉积物类土壤只达到 6 级标准；全钾含量相对较高，达到 2~3 级标准，速效钾除浅海沉积物类土壤外，达到 2~3 级标准；全磷含量为 5~6 级，有效磷含量为 4~5 级。

表 5-4　土壤主要养分统计

土壤类型		N %	NH_3-N ($\mu g \cdot kg^{-1}$)	NO_3-N ($\mu g \cdot kg^{-1}$)	有机质 %	腐殖质 %	K %	速效 K ($\mu g \cdot kg^{-1}$)	缓效 K ($\mu g \cdot kg^{-1}$)	P ($mg \cdot kg^{-1}$)	有效 P ($\mu g \cdot kg^{-1}$)	pH
花岗岩类土	最大值	0.1	15.1	14.5	2.92	1.37	4.85	221.1	1207	411.3	7.36	8.01
	最小值	0.025	0.3	1.7	0.48	0.041	0.38	51.3	118.5	18.5	0.79	4.42
	平均值	0.055	7.09	4.325	1.207	0.587	2.301	105.91	471.25	208.84	2.151	6.233
砂页岩类土	最大值	0.388	32.8	9.9	5.17	5.71	4.05	294.7	2944	2664	6.61	7.28
	最小值	0.032	0.3	1.9	0.58	0.096	0.27	41.3	150	144	0.79	4.76
	平均值	0.085	11.664	4.935	1.488	0949	1.316	124.475	597.2	510.61	2.129	6.13
浅海沉积物类土	最大值	0.049	9.7	3.5	1.05	0.685	4.03	129	402.4	217.2	14.4	6.96
	最小值	0.018	0.2	1.5	0.02	0.096	0.15	25.1	102	78.4	1.26	5.6
	平均值	0.028	4.126	2.375	0.584	0.287	1.674	54.288	176.81	147	6.709	6.15
全区	最大值	0.388	32.8	14.5	5.17	5.71	4.85	294.7	2944	2664	14.4	8.
	最小值	0.018	0.2	1.5	0.02	0.041	0.15	25.1	102	18.5	0.79	4.42
	平均值	0.064	8.610	4.309	1.225	0.68	1.742	105.052	480.17	328.93	2.836	6.18

土壤其他营养元素含量与中国及世界土壤平均值相比，主要是 Ca、Mg、B、Ni 含量较低，Cu、Mn 含量较高（表 5-5）。

表 5-5 土壤其他营养元素统计

土壤类型	指标	Mg	Ca	Fe	Se	Cu	Zn	Co	S	Mo	Mn	Ni	B	
花岗岩类土	总量	最大值	1.099	0.919	9.98	973.47	670	143.5	23.3	931.4	8	976.1	20.3	54
		最小值	0.028	0.015	1.31	91.64	5.9	22	3.6	30.3	0.5	76	3.1	4.3
		平均值	0.184	0.140	2.505	281.265	53.932	50.274	6.184	132.400	2.372	306.500	7.579	21.217
	有效态	最大值	190.50	1275.30	169.70	13.530	139.760	97.700	1.530	94.600	1.200	160.100	1.140	0.500
		最小值	4.500	14.200	7.900	0.890	0.420	1.200	0.110	1.600	0.100	4.300	0.390	0.050
		平均值	62.905	293.153	35.783	2.858	8.916	12.337	0.415	10.341	0.436	62.025	0.639	0.228
砂页岩类土	总量	最大值	9.363	7.432	11	867.9	254.6	129.5	37.9	266.3	18	4700	92.8	200
		最小值	0.0207	0.015	1.81	158.79	20	20	5	59	0.5	81.2	5.4	11.8
		平均值	0.789	0.503	4.705	482.889	55.553	60.037	13.505	115.484	4.072	1222.221	22.500	96.760
	有效态	最大值	433.000	1180.60	84.000	2.710	5.370	45.000	2.910	113.30	2.300	215.20	4.100	0.800
		最小值	6.600	11.900	7.400	0.580	0.860	0.800	0.190	1.600	0.100	10.260	0.180	0.080
		平均值	89.432	299.400	26.161	1.624	2.719	14.316	0.906	10.098	0.633	73.741	0.995	0.252
浅海沉积类物土	总量	最大值	0.091	0.19	1.9	140.14	75	35	6.2	78.5	8	1700	6.6	11.8
		最小值	0.017	0.015	0.73	28.61	4.7	14.7	1.6	28.7	0.5	150.5	2.1	6.4
		平均值	0.053	0.062	1.164	87.820	19.975	22.325	4.088	50.275	3.000	442.988	4.638	8.467
	有效态	最大值	46.7	146	43.6	2.45	1.83	15.4	0.55	7.1	2.8	95.05	0.39	0.35
		最小值	4.5	17.9	13.9	0.8	0.57	1.7	0.19	1.6	0.1	30.47	0.18	0.05
		平均值	15.025	78.913	26.938	1.701	1.119	6.775	0.323	3.175	0.5875	44.293	0.263	0.169
区内土壤	总量	最大值	9.363	7.432	11	973.47	670	143.5	37.9	931.4	18	4700	92.8	200
		最小值	0.017	0.015	0.73	28.61	4.7	14.7	1.6	28.7	0.5	76	2.1	4.3
		平均值	0.411	0.276	3.222	330.902	48.696	49.446	8.843	111.172	3.223	708.470	13.272	45.464
	有效态	最大值	433	1275.3	169.7	13.53	139.76	97.7	2.91	113.3	2.8	215.2	4.1	0.8
		最小值	4.5	11.9	7.4	0.58	0.18	0.8	0.11	1.6	0.1	4.3	0.18	0.05
		平均值	65.535	258.474	30.362	2.147	4.945	12.187	0.602	8.995	0.534	63.780	0.759	0.240
世界平均值	（总量）		0.75	1.49	3.75		20	50	8		2.3	850	40	80
中国平均值	（总量）		0.96	1.68	2.94		22.5	67.7	15		1.2	482	35	64

注：总量 Mg、Ca、Fe 单位为%，Hg、Se 为 ug/kg，其余为 mg/kg；有效态含量单位为 μg/kg。

土壤有害组分含量较低（表5-6），环境质量较好，Zn、Cr、Pb、Cd等含量低于《土壤环境质量标准》（GB 15618—2018）一级标准限量，Hg、Cu、As、Pb含量为一~二级标准限量，六六六、滴滴涕含量低于一级标准限量，有害元素的有效态含量也较低。

表5-6　土壤有害组分统计表

项目 \ 土壤pH值 \ 级别	《土壤环境质量标准》（GB 15618—2018）一级	二级			三级	测区 平均	花岗岩类土	砂页岩类土	浅海沉积物类土
	自然背景	<6.5	6.5~7.5	>7.5	>6.5	6.22	6.23	6.14	6.15
镉	≤0.20	0.30	0.30	0.60	1.0	0.107	0.096	0.141	0.074
						(33.670)	28.635	41.399	27.274
汞	≤0.15	0.30	0.50	1.0	1.5	0.095	0.051	0.066	0.268
						(2.026)	2.360	1.736	1.920
砷	水田≤15	30	25	20	30	26.524	9.484	53.659	2.449
	旱地≤15	40	30	25	40	(0.492)	0.049	0.038	0.079
铜	水田≤35	50	100	100	400	48.696	53.932	55.553	19.975
	旱地≤35	150	200	200	400	(4.945)	8.916	2.486	1.119
铅	≤35	250	300	350	500	53.543	49.005	71.011	22.838
						(5.079)	8.487	2.572	2.701
铬	水田≤90	250	300	350	400	81.963		86.826	89.613
	旱地≤90	150	200	250	300	(0.175)	0.193	0.154	0.200
锌	≤100	200	250	300	500	49.446	50.274	60.037	22.0325
						(12.187)	12.377	14.316	6.775
六六六		0.05	0.5	0.5		0.05	<0.001	<0.001	
滴滴涕		0.05	0.05	0.5		(0.005)	<0.005	<0.005	

注：括号内数值为元素有效态含量，单位为μg/kg；其他含量为单位mg/kg。

（二）芒果养分特征

芒果生长需要N、P、K、Ca、Mg、S及多种微量元素，芒果叶片养分含量是反映芒果营养特征的重要指标，国内外研究制定了芒果叶片的营养诊断指标。为研究芒果的营养特征，对芒果叶片进行了分析测试。

芒果叶片的采样地点与芒果果实相同，但采样时间为2003年3月底。采集方法为：在每个场内较均匀地随机选择每一品种的芒果树15~25株，在每株果树东、西、南、北4个方向选择中部2~4条树冠中层样枝，每样枝采集1片叶；样叶带回实验室经洗涤、自然风干、采用植物组织粉碎机加工后，分析芒果叶片养分含量，P、K、Ca、Mg、Mn、S、Cu等养分含量基本在正常范围内；B、Zn含量较低，Fe含量高，超过营养适宜范围值（表5-7）。

芒果叶片的有害组分含量（表5-8）比其果实的高，叶片中Hg、As、Pb含量分别为34.065μg/kg、0.362mg/kg、3.175mg/kg，而果实Hg、As、Pb含量分别为6.572μg/kg、0.332mg/kg、0.402mg/kg。

表 5-7　芒果叶片养分含量

含量/(mg・kg^{-1})

品种	含量	N	P	K	Ca	Mg	Mn	S	Cu	Zn	Fe	Mo	B	Se	Ni
鸡蛋	范围	0.887~1.800	0.09~0.12	0.45~0.57	2.07~3.19	0.11~0.26	0.0065~0.16	0.071~0.228	5.3~50.7	15.4~29.1	219~21988	2~2.8	3~15	0.01~0.4	0.2~2.4
	平均值	1.498	0.104	0.510	2.503	0.198	0.115	0.123	18.363	20.488	140.250	2.350	6.625	0.085	0.825
象牙	范围	1.36~2.05	0.092~0.122	0.63~0.96	1.57~2.59	0.16~0.29	0.062~0.25	0.075~0.202	5.7~49.6	19~36.3	97~1465	2~4	2~20	0.01~0.17	0.3~3.3
	平均值	1.707	0.108	0.830	1.997	0.210	0.142	0.128	20.490	24.440	262.100	2.460	6.900	0.048	1.170
台农	范围	1.440~1.860	0.086~0.11	0.66~0.86	1.41~3.09	0.15~0.25	0.073~0.53	0.07~0.167	5.7~199.9	18.7~47.2	77~270	2~3.2	2~30	0.03~0.09	0.3~1
	平均值	1.558	0.102	0.752	2.213	0.187	0.257	0.108	55.567	28.000	146.833	2.500	10.750	0.048	0.617
区内平均值		1.600	0.105	0.7040	2.253	0.200	0.162	0.121	28.550	24.013	192.567	2.400	7.771	0.060	0.917
中国芒果叶片营养诊断指标①		1~1.5	0.07~0.18	0.3~1.2	2~3.5	0.2~0.4	0.06~0.5		10~20	20~150	70~100		50~100		
国外芒果叶片养分临界值①		1~1.5	0.07~0.175	0.3~0.8	2~3.5	0.15~0.4		0.075~0.15							
华南热带农业大学对海南芒果研究提出的诊断指标①		2.07~2.25	0.15~0.21	0.57~0.88	1.87~2.32	0.21~0.27									

注：①《无公害食品（芒果）标准》（NY 5024—2001）。

表 5-8　芒果叶片有害元素组分含量特征　　　含量/(mg·kg^{-1})

品种	含量	Pb	Cr	As	Co	Hg	Cd
鸡蛋	范围	2~3.5	0.1~1.48	0.15~0.46	0.1~0.1	35.6~57.33	2.4~21.1
	平均值	2.850	0.388	0.284	0.100	41.778	12.956
象牙	范围	2~5.2	0.1~0.68	0.16~0.35	0.1~0.3	26.64~46.15	1.92~24.26
	平均值	3.120	0.284	0.235	0.140	33.066	12.506
台农	范围	2.4~4.5	0.1~0.8	0.16~2.84	0.1~0.2	19.45~30.86	4.21~78.59
	平均值	3.700	0.403	0.0678	0.133	25.447	17.507
区内平均值		3.175	0.348	0.362	0.125	34.065	13.948

（三）土壤环境质量与芒果质量的关系

1. 芒果的生物吸收系数

芒果叶片和果实的元素含量与土壤元素含量的比值分别称为芒果叶片的生物吸收系数和芒果果实的生物吸收数（图 5-2；表 5-9，表 5-10），叶片与果实对各元素的吸收曲线图相似，说明叶片与果实对各元素的相对吸收能力相似；芒果果实和叶片除 N、S、P 外，其他元素的吸收系数都较小，说明芒果对大部分元素的吸收能力不强；芒果叶片除 K、Fe、Zn 外，其他元素的吸收系数都大于果实，说明果实具有更强的吸收人体所需的 K、Fe、Zn 等矿物质的能力，而叶片更吸收 K、Fe、Zn（包括有害元素）；果实的主要有害元素 Hg、Pb、As、Cd、Cu 等，象牙芒果的吸收系数明显大于鸡蛋芒果和台农芒果的。

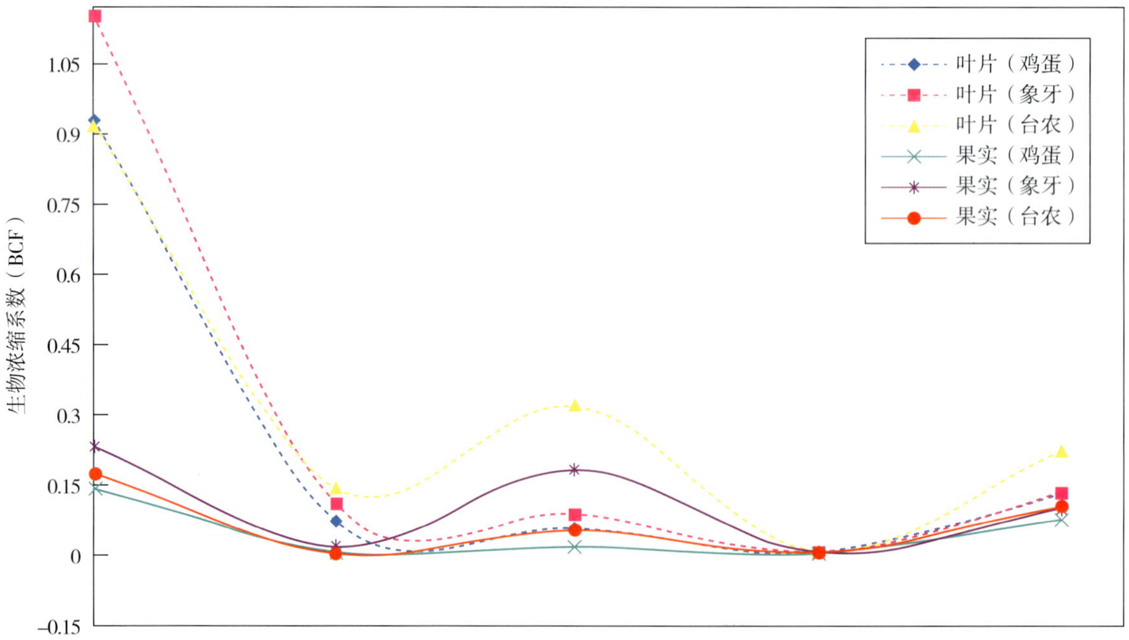

图 5-2　芒果果实及叶片生物吸收系数图（部分）

表 5-9　芒果叶片生物吸收系数

单位：%

品种	吸收系数	N	P	K	Ca	Mg	Fe	Mn	S	B	Mo	Cu	Zn	Hg	Pb	As	Cr	Cd
鸡蛋	范围	14.875～40.000	2.429～29.630	0.113～0.692	9.813～27.253	0.220～1.889	0.00121～0.008	0.167～6.944	7.889～24.902	0.020～1.000	0.480～9.600	0.196～1.514	0.237～0.925	0.377～1.6950	0.040～0.1230	0.0043～0.1591	0.00065～0.0142	0.012～0.2340
	平均值	21.851	7.937	0.272	17.337	1.132	0.005	2.327	14.480	0.388	2.425	0.706	0.457	0.9290	0.0740	0.0560	0.0029	0.1260
象牙	范围	16.900～83.333	2.285～31.909	0.167～2.300	8.967～37.214	0.320～5.000	0.00089～0.038	0.617～30.788	4.206～38.539	0.037～1.818	0.560～5.600	0.112～3.076	0.352～2.006	0.261～3.7680	0.044～0.2680	0.0039～0.2430	0.00027～0.0065	0.029～0.3110
	平均值	33.351	7.728	0.837	18.066	2.064	0.009	7.172	17.181	0.499	1.686	1.066	0.813	1.1520	0.1090	0.0867	0.0020	0.1290
台农	范围	14.400～78.947	3.017～10.969	0.176～1.925	10.300～46.607	0.320～8.824	0.00235～0.017	1.394～65.271	2.816～29.801	0.099～2.727	0.800～4.000	0.029～38.442	0.330～1.967	0.301～1.4670	0.061～0.2960	0.0035～1.3088	0.00027～0.0092	0.032～1.0080
	平均值	38.420	4.956	1.027	24.599	3.370	0.007	17.297	15.318	0.985	1.978	7.438	1.050	0.9190	0.1440	0.3171	0.0035	0.2200
总计平均值		30.785	7.105	0.696	19.456	2.080	0.007	8.372	16.232	0.584	2.039	2.439	0.753	1.0190	0.1060	0.1533	0.0027	0.1510

表 5-10　芒果果实生物吸收系数

单位：%

品种	吸收系数	N	P	K	Ca	Mg	Fe	Mn	S	B	Mo	Cu	Zn	Hg	Pb	As	Cr	Cd
鸡蛋	范围	5.631～14.889	2.404～28.832	0.141～1.108	0.141～0.500	0.179～0.756	0.001～0.005	0.012～0.122	1.765～17.884	0.010～0.465	0.040～2.880	0.109～0.614	0.101～2.020	0.069～0.2620	0.0039～0.0150	0.0009～0.0370	0.00011～0.0026	0.0529～0.1122
	平均值	9.080	7.129	0.395	0.292	0.387	0.003	0.045	7.878	0.148	0.634	0.365	0.525	0.1430	0.0070	0.0159	0.0009	0.0730
象牙	范围	5.521～30.476	2.188～29.060	0.175～1.977	0.100～1.099	0.022～1.438	0.003～0.039	0.009～0.690	1.953～17.884	0.015～1.111	0.040～4.000	0.064～43.559	0.180～16.522	0.067～0.9340	0.0024～0.0344	0.0020～1.3079	0.00055～0.0029	0.037～0.2280
	平均值	12.817	6.841	0.779	0.357	0.495	0.015	0.201	7.196	0.335	1.069	4.757	2.449	0.2320	0.0157	0.1820	0.0012	0.0950
台农	范围	8.000～27.895	2.325～7.602	0.203～2.136	0.050～1.018	0.106～2.824	0.005～0.049	0.016～1.589	1.502～22.922	0.087～0.938	0.120～2.000	0.030～2.885	0.184～1.835	0.104～0.2980	0.0005～0.0040	0.0026～0.0889	0.00072～0.0026	0.061～0.1270
	平均值	17.173	3.905	1.142	0.665	1.057	0.015	0.519	8.492	0.381	1.237	0.931	0.775	0.1750	0.0018	0.0531	0.0017	0.1010
总计平均值		12.518	6.584	0.739	0.406	0.589	0.011	0.224	7.162	0.286	0.969	2.390	1.502	0.1910	0.0098	0.0889	0.0013	0.0893

2. 土壤环境质量与芒果质量的关系

通过对芒果的总糖、可溶性糖、可溶性固形物、有机酸等营养组分的含量与土壤元素有效态含量的相关分析，发现土壤中 Zn、P 等与芒果营养组分关系密切（表 5-11），土壤中 Zn、P、Fe 有效态含量高，S、Mo、B 有效态含量低，芒果的营养组分含量高。

表 5-11 芒果营养组分含量与土壤元素有效态含量相关系数

土壤元素 / 营养组分	Zn	P	Fe	S	Mo	B
总糖	0. 631	0. 637	0. 369	-0. 461	-0. 587	-0. 360
可溶性糖	0. 535	0. 737	0. 417	-0. 403	-0. 605	-0. 351
可溶性固形物	0. 420	0. 740	0. 626	-0. 380	-0. 660	-0. 280
有机酸	0. 007	0. 112	0. 474	0. 251	-0. 271	-0. 383

研究结果表明，总糖含量与 Zn、P 关系密切，可溶性糖含量与 P、Zn 关系密切，可溶性固形物含量与 P、Fe 关系密切，有机酸含量与 Fe 关系较为密切。

芒果质量研究表明，影响芒果质量的有害组分主要是 Pb、Hg。芒果中 Pb、Hg 含量与土壤中缓效钾含量及 Ca、Mg、Cr、Pb、Hg 等的有效态含量具有较明显的正相关关系，与 P 具有明显的负相关关系（表 5-12）。

表 5-12 芒果 Pb、Hg 含量与土壤元素有效态含量相关系数

土壤元素有效态 / 芒果有害元素	速效钾	缓效钾	Ca	Mg	Mn	Cr	Pb	As	Hg	P
Pb	0. 432	0. 595	0. 643	0. 618	0. 435	0. 325	0. 904	0. 340	0. 804	-0. 382
Hg	0. 434	0. 537	0. 406	0. 480	0. 159	0. 664	0. 624	0. 429	0. 475	-0. 326

综上所述，种植芒果应选择 Zn、P、Fe 有效态含量高，而速效钾、缓效钾及 S、Mo、B、Cu、Mg、Mn、Cr、As、Pb、Hg 有效态含量相对较低的土壤。

三、适宜种植芒果的地质条件分析

（一）适宜种植芒果的土壤地质条件

土壤对芒果质量的影响主要有两个方面：芒果的营养组分和有害组分。

1. 影响芒果营养组分含量的土壤地质条件

影响芒果营养组分的主要是土壤中 Zn、P、Fe 的有效态含量，而区内种植芒果的主要土壤是花岗岩类土壤、砂页岩类土壤和浅海沉积物类土壤。研究影响芒果营养组分土壤条件的方法是，综合比较 3 类土壤中上述元素含量对芒果营养物质的影响程度，从而得出区内适宜种植芒果的土壤。具体方法如下：选择 Zn、P、Fe 的有效态与芒果的总糖、可溶性糖、可溶性固形物、有机酸的相关系数（r_i）与每类土壤中这些元素的有效态平均值（$\overline{C_j}$）的加权平均（$r_i\overline{C_j}$）作为适宜种植芒果的因子数，并求出每类土壤的因子数总和 M（$M=\sum_{i=1\sim20}^{j=1\sim6} r_i\overline{C_j}$），$M$ 值越大的土壤，越适宜种植芒果。区内 3 类土壤的 M 值如下：

①花岗岩类土壤 M=80. 532；②砂页岩类土壤 M=65. 228；③浅海沉积物类土壤 M=70. 302。

因此从芒果营养组分角度来看，初步认为花岗岩类土壤最适合种植芒果，浅海沉积物类土壤次之，砂页岩类土壤较差，评价结果与野外调查的实际情况基本一致。

2. 影响芒果质量有害组分的土壤地质条件分析

影响芒果质量的有害组分最主要的是Pb、Hg，而Pb、Hg与土壤缓效钾含量及Ca、Mg、Cr等有效态含量的关系密切。与上述评价土壤对芒果营养物质的影响方法相似，选择缓效钾及Ca、Mg、Cr等有效态与芒果Pb、Hg的相关系数（r_i）与每类土壤中这些元素的有效态含量平均值（$\overline{C_j}$）加权平均（$r_i\overline{C_j}$）作为不适宜种植芒果的因子数，并求出每类土壤的因子数总和N($N=\sum_{i=1\sim24}^{j=1\sim10} r_i\overline{C_j}$)，$N$值越大，越不适宜适宜种植芒果。计算结果为：

①花岗岩类土壤$N=1067.318$；②砂页岩类土壤$N=1161.1416$；③浅海沉积物类土壤$N=337.158$。

因此，从影响芒果质量的有害组分来看，初步认为浅海沉积物类土壤最适宜种植芒果，花岗岩类土壤次之，砂页岩类土壤较差，亦与实际情况较为一致。

3. 影响芒果质量的土壤pH值

区内土壤的pH值变化于7.26~4.42之间，平均值为6.18，大部分在5~7之间，3类土壤pH的平均值分别为6.233、6.13和6.25，都较适合种植芒果（适宜种植芒果的pH为5.5~7.0）。

（二）适宜种植芒果的水文地质条件

一般认为降水量在700~2000mm的地区芒果生长良好，并且在有灌溉条件的雨量较低的地区种植芒果最好。区内除石碌铁矿、昌化铅锌矿地区外，地表水污染较少，对芒果质量影响小。

根据目前已做的数量有限的芒果及相应的土壤分析测试资料和影响芒果营养组分的土壤环境地质条件分析，初步认为花岗岩类土壤最好，其次为浅海沉积物类土壤，砂页岩类土壤较差；从影响芒果质量的有害组分来看，浅海沉积物类土壤最适宜种植芒果，花岗岩类土壤次之，砂页岩类土壤较差。因此，区内花岗岩类土壤、浅海沉积物类土壤适宜种植芒果，在具体选择种植区域时，还要从温度、水分、日照、风等条件综合分析。

第六章　主要环境地质问题

环境地质问题是指地质环境中对人类生存与发展有不利或潜在不利影响的各种不良地质现象和作用。根据所收集的资料系统分析表明，海南岛所存在的环境地质问题种类较多，分布范围广。与所处的地形、地貌和人类活动关系密切，根据各种环境地质问题的发育规模、分布特征、危害程度及所处地域，可归纳为山地丘陵区环境地质问题、海岸带环境地质问题、中心城市环境地质问题和矿山环境地质问题（图 6-1）。

第一节　山地丘陵区环境地质问题

主要分布于海南岛中部黎母岭、鹦哥岭、坝王岭、尖峰岭、五指山、吊罗山等山区及其外围的丘陵地区，面积约 12817km^2，约占全岛总面积的 68%。区内地形地貌复杂，构造发育，沟谷切割强烈，在自然因素及人类工程活动共同作用下易发生滑坡、崩塌、泥石流及热带雨林退化等生态环境地质问题。

一、滑坡

滑坡分布于中南部山区，尖峰岭、五指山、鹦哥岭、黎母山、吊罗山等大山脉是滑坡分布较为集中的地区，其发育规模较大，密度较高，且多成群分布。据资料统计（截至 2003 年年底），共有滑坡 35 处（个），均为中小型土质滑坡，共造成人员伤亡 26 人，经济损失 340 万元。

（一）分布特征

从发育特征上滑坡可分为两大类：一类是分布于山体斜坡上的滑坡体，另一类是发育于河流岸边及阶地前缘坡度较大的陡坎（25°~45°）处的坍滑。近 98%以上的滑坡滑动速度较快。滑坡规模总体较小，其体积一般为 100~2000m^3，95%以上属小型滑坡，仅极少数滑坡规模达到中型，体积可达 120000m^3（见图 6-1）。

滑坡主要发育及分布在构造发育的中低山区，85%以上的中小型滑坡均位于构造带内；在粗粒花岗岩分布的中低山丘陵区，风化残积层较厚，地下水活动强烈，易形成土体滑坡，60%以上的小型土体滑坡均发育于花岗岩分布区；滑坡的发育与所处地貌单元关系非常密切，在山地丘陵区和水库岸坡，坡度一般在 25°~50°，且地形起伏较大，易形成滑坡，90%以上的小型滑坡均位于地表坡度在 25°以上的山坡；植被对于残坡积层较薄的土体滑坡具有固结、稳定作用，而对于残坡积层较厚的土体滑坡则产生根劈及附加荷载，诱发山体滑坡，65%以上的山体滑坡其植被均较为茂盛；强降雨是诱发山体滑坡的主要因素，有近 90%以上的滑坡均是在雨季发生的；人类工程活动也是诱发山体滑坡的主要因素之一，40%以上的滑坡是由于在山体坡脚削方，形成临空面所造成。

滑坡在保亭最为发育，共有滑坡 11 处（个），占全岛滑坡总数的 31.4%，其次为五指山、琼中、乐东、昌江等，常造成人员伤亡、房屋损毁、交通中断和水电设施毁坏。

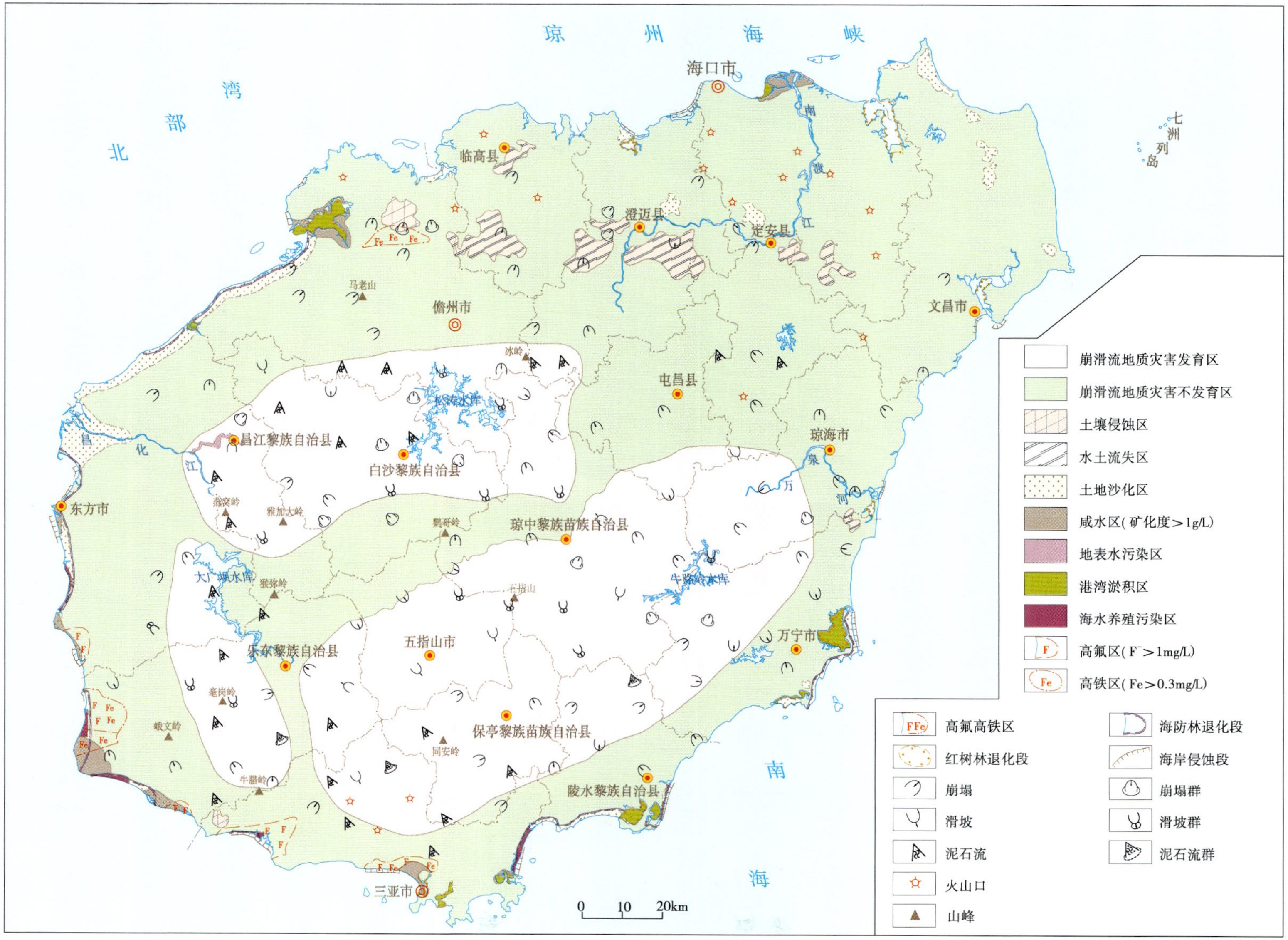

图 6-1　海南岛环境地质图

（二）成因分析

据调查资料综合研究分析，控制岛内滑坡发育程度和分布特征的主要因素有地质构造、地层、岩性、地形地貌、水文气象条件和人类活动等。

1. 地质构造

岛内滑坡总体受活动断裂构造控制明显，宏观上分布于构造断裂带内；微观上，各个滑坡或滑坡群主要受所处地区的地貌条件、地层岩性、植被、气象等因素影响，如风门岭滑坡（照片6-1）。

2. 地层岩性

在中南部山地丘陵区，基底岩性主要为花岗岩，其次为沉积岩和变质岩。花岗岩风化残积层厚度较大，一般厚5~15m，局部厚在20m以上。风化残积层与母岩之间为弱风化带，岩性主要为风化碎石、砂砾石，松散无胶结，渗透性强，是地下水的主要活动带。沿弱风化带易形成滑动面，在外力作用下，岩土体沿滑动面移动而形成滑坡（如空共村滑坡、石碌铁矿滑坡，照片6-2）。少数滑坡发育于河流阶地和各级海成阶地，冲洪积层厚度大，土质较为均一，在自身重力作用下土体沿最大滑距面下滑形成滑坡，如龙塘菜市场滑坡。

照片6-1　五指山风门岭滑坡

照片6-2　五指山毛道乡滑坡

3. 地形地貌

在山地丘陵区或地貌接触部位，由于地表坡度较大，山地丘陵区坡度一般大于50°，地貌接触部位一般在25°~45°，由于地形起伏较大，在外力作用下，在山坡和岸边极易形成滑坡，如志仲滑坡。

（三）植被

尖峰岭、吊罗山、五指山、鹦哥岭等山区植被均较为发育，树木根系对滑坡体形成根劈作用，树干和枝叶则对坡体产生附加荷载，在外力作用下（如降雨、风吹）引发山体滑坡，如尖峰岭林场南中六队滑坡。

（四）气象条件

滑坡的形成、发展、发生与降雨关系非常密切，将近95%以上滑坡是在雨季形成的，且大多是在连续多日暴雨之后发生。降雨使坡体自重增加，土体黏结力下降，导致抗滑力降低，在水流冲刷等外力作用下，极易发生山体滑坡，如保亭三道甘什下村滑坡和白沙高案村滑坡（照片6-3）。

二、崩塌

（一）分布特征

照片 6-3　保亭三道甘什下村滑坡

崩塌分布较为广泛，中低山丘陵区、火成岩台地区、河流（库）岸边等均有分布，主要集中在琼北王五-文教大断裂以南地区，特别是在中部低山丘陵区近来新建（扩建）公路沿线崩塌点成群分布。其他地区，如河岸边坡、阶地陡坎、火山岩台地前缘等都有零星分布。以五指山市最为发育，其次为保亭、乐东、三亚、琼中、白沙、昌江等市（县）。全岛共有崩塌174处（个），规模均较小，一般小于100m^3，极个别在100~1000m^3，均属小型崩塌（见图6-1）。

公路崩塌常造成山区公路堵塞、交通中断，河岸崩塌造成农田被毁，山体崩塌造成树木、植被破坏，部分地段造成房屋破坏，危及人民生命安全。

（二）成因分析

崩塌发育程度的高低、规模大小与其所处地区的岩性、地貌、植被及降雨等因素有着非常密切的关系。从形成机理分析，中部山地丘陵区崩塌发育多沿公路两侧分布，崩塌区内松散土体较厚，岩性为含砾黏土质砂、砂质黏土，结构松散，黏结性差，受水流冲刷侵蚀易崩塌，如保亭境内的海榆中线公路边坡崩塌。此外，低山丘陵区地表坡度一般较陡（60°~80°），植被较稀少、降雨集中且多暴雨等因素也是导致崩塌发育的主要原因，如保亭境内的山坡崩塌（照片6-4）。

在中部山地丘陵区，基底岩性主要为侵入岩、沉积岩和变质岩。母岩表层风化较为强烈，风化层厚度较大，一般厚在5~10m，局部在20m以上。岩性主要为含砾砂质黏土、砾质黏土、黏土质砂，土质结构较为均一，土体松散，颗粒间黏滞力较小。土体在水流冲刷和自重作用下，快速脱离母体而形成崩塌，如五指山市境内的公路边坡崩塌（照片6-5）。

照片 6-4　保亭境内山坡崩塌

照片 6-5　五指山市红务队公路崩塌

在中低山区新修（扩）建公路基本上沿山涧沟谷分布。受地形控制较为明显，地表起伏较大，地形较为复杂，坡度一般在60°~75°之间，局部地段高达80°。由于山坡较陡，土体在自重及外力作用下脱离母体下滑而形成地貌滑坡。

山区新修（扩）建公路两侧的山坡，由于新挖方（或削方）坡体地表裸露，降雨对地面的直接冲刷极为强烈，造成冲沟发育，坡体切割强烈引发土体崩塌。

崩塌主要发生于雨季，海南岛降雨主要集中于每年7—9月，降雨量大，暴雨集中，对冲沟冲刷严重，引发土体崩塌，据统计资料分析，近90%的崩塌发生在暴雨期间。

三、泥石流

（一）分布特征

全岛共发现新、老泥石流沟47处（条），规模2000~3000m^3，流域面积较小（0.8~1.2km^2），其特点是流程短，坡降大，发育规模较小，所形成的危害不大。泥石流主要分布于西南部低山丘陵区，面积约680km^2，约占全岛陆地面积的2%，分布范围较小（见图6-1）。泥石流主要发育于变质岩和沉积岩分布的低山丘陵沟谷中，以五指山市最为发育，目前发现的泥石流沟13条（处），占全岛泥石流沟总数的27.7%。

泥石流主要有两种类型：一种为山坡型，占总量的98%以上，分布广泛；另一种为沟谷型，仅占2%，且分布范围较小。泥石流发育区山坡地表坡度大多在20°~30°之间，少数在30°~50°之间，植被条件较差。

泥石流常掩埋农田、房屋，冲毁公路、桥涵和水利灌渠，造成人员伤亡和经济损失。据调查，仅2005年第十八号台风“达维”就导致三亚、保亭两个市（县）6人死亡。

（二）成因分析

岛内泥石流的发育发生具备的主要条件为丰富的物质来源、地貌（地形坡度）和降雨。

物质来源主要为山坡崩滑土，少数为矿渣（如昌江王下牙老金矿泥石流，照片6-6）和母岩风化残坡积物。在中南部山地丘陵区滑坡、崩塌十分发育，崩塌土体堆积于山腰或坡脚、沟边，为泥石流的形成、搬运提供了丰富的物质来源；在变质岩分布区，母岩表层风化剥蚀强烈，坡体大多为碎屑岩块残留堆积于原地，土质较少，碎屑物松散，陆源物质较为丰富。

在中南部低丘陵区河谷坡降大都在20°~30°，少数在35°~50°，该坡降具有一定的势能，水流冲刷、搬运作用较为强烈，适宜泥石流的形成发育。

中南部山区降雨量充沛，且多降大雨和暴雨，年均暴雨日在7.5~10.5天，极端降雨量高达640mm，特大暴雨对泥石流的发育及形成起到重要的作用。

照片6-6　昌江王下金矿4号泥石流沟

照片6-7　海榆中线什翁岭段泥石流

此外，人类活动加剧是造成区内泥石流发生的重要原因之一，由于新修公路、开挖矿山、砍伐森林等造成山体滑坡、崩塌，为泥石流的发育形成提供了丰富的物质来源，如五指山市境内的海榆中线什翁岭泥石流（照片6-7）。

第二节　海岸带主要环境地质问题

海南岛是我国最大的热带岛屿，海岸线长约1528km，大小海湾84个。据测算，全岛砂质海岸长约982km，约占全岛的64%，泥质海岸长约300km，约占全岛的20%，岩质海岸长约246km，约占全岛的16%；全岛侵蚀岸段约230km，约占全岛的15%，淤积岸段约150km，约占全岛的10%，稳定岸段约1148km，约占全岛的75%。海岸带是指海岸线往内陆方向10~20km的陆域范围，海南岛海岸带面积约9230km^2，占陆域总面积的27%，由河口、三角洲、海岸平原、沙滩、湿地等地理单元组成，是海南岛经济最发达的区域，矿产、旅游资源丰富，居住着全岛60%以上的人口，省会城市海口、旅游城市三亚、化工基地东方以及洋浦开发区等均分布于海岸带上。经多年自然条件的演变及人类社会的开发利用，海岸带地质环境存在土壤侵蚀、土地沙化、海岸变迁、海水入侵、红树林退化、浅层地下水污染等环境地质问题。

一、土壤侵蚀

（一）分布特征

土壤侵蚀分布范围较为广泛，在低山丘陵区、山前剥蚀波状平原、火成岩台地区及滨海平原区均有分布，面积约666.1km^2，约占全岛陆地面积的1.96%（表6-1）。主要分布于第四系松散土层中，特别是在北海组地层区、锆钛砂矿开采区和海水养殖区。

表6-1　海岸带土壤侵蚀发育统计

市（县）	主要分布地区	面积/km^2
万宁	英豪半岛、神州半岛	21.0
三亚	梅山	13.6
儋州	蚂蝗岭—新州林场	70.7
东方	罗带、新龙、感城、板桥	19.8
澄迈、临高	临高南宝—加莱、澄迈金江—山口	476
文昌	翁田—龙马、清澜—冠南	65
合　计		666.1

岛内土壤侵蚀的方式可分为面状侵蚀、沟谷侵蚀。沟谷侵蚀是冲沟侵蚀、两侧土体崩塌所致，主要分布于儋州的蚂蝗岭、儋州林场、黄泥沟及三亚的梅山等地；面状侵蚀是由降雨对地表土壤的冲刷侵蚀，使表层土壤有机质被水流冲走，土壤肥力降低所致，主要分布于万宁的英豪半岛、神州半岛以及东方的罗带、新龙、感城等沿海地区（照片6-8）。

土壤侵蚀毁坏耕地、水利灌渠和林地，造成严重经济损失。据不完全统计，儋州蚂蝗岭因土壤侵蚀（水土流失）淹埋冲毁农田5922亩、坡地3188亩，农田被埋深度0.2~2.8m；累计冲毁山塘水库8宗，减少灌溉面积2900亩；累计冲毁灌渠长5km。经济损失约1112万元。

照片 6-8　儋州蚂蝗岭朔源侵蚀（a）与侧蚀（b）

（二）成因分析

土壤侵蚀的发育和形成与岩性、植被、降雨等自然因素及人类活动密切相关，多发生在岩性为粉砂、中细砂、粉细砂等松散堆积层中。

造成土壤侵蚀的主要原因是自身的地质环境条件（如地貌、岩土体特征），其次是外部条件（如气候、植被、人类活动等）。

1. 地质环境条件

由于北海组及冲洪积层、海积层范围较广，其岩性为砂性土，结构松散，粗粒含量低，土层抗侵蚀、冲刷能力低，受水流冲刷、侵蚀易形成冲沟。如儋州的蚂蝗岭、儋州林场、三亚的梅山等地段土体结构的特殊性，内在的地质环境因素决定了具备发生土壤侵蚀的必备条件，在外部因素的诱发下，均发生严重的土壤侵蚀。

2. 气象因素

台风暴雨是导致土壤侵蚀的主要原因之一。海南岛属热带海洋性气候，降雨集中于每年的 5—10 月，且多台风暴雨，降雨强度大，暴雨多，雨量占全年降雨量的 85%以上，多年平均暴雨日 5.5~8.5 天，多年最大日降雨量普遍在 200~300mm。水流对地表土体冲刷、侵蚀对地表土形成强烈侵蚀作用。

3. 植被条件

土壤侵蚀与植被覆盖率成反比，植被覆盖率越高，土壤侵蚀程度越弱。茂密的森林可截留一部分雨水，削弱雨滴对地面的冲击侵蚀能力，降雨强度在 10~20 mm/min 时树冠可截留降雨量 6%~20%，—般郁闭度愈高，截留量越大。植物的根系对土壤有很好的穿插、缠绕、固结的作用，庞大的根系能使周围的土体固定，以防冲刷。

海岸带由于人类活动较强，大规模乱砍滥伐原始丛林，营造人工林，改变了原始植被条件，导致短期内植被覆盖率急剧下降，是造成岛内土壤侵蚀的主要原因之一。如文昌、万宁、陵水、三亚、乐东、东方、儋州等市（县）沿海地区，由于砍伐海防林种植西瓜，造成海岸土地沙化较为严重（照片 6-9）。

4. 人类活动

由于人类活动较强，主要包括土地利用方式不合理、毁林毁草、乱垦滥伐、乱采滥挖等活动的增加，在生产、生活中，改变了原始植被条件，导致短期内植被覆盖率急剧下降，是造成岛内土壤侵蚀的主要原因之一。20世纪50年代以来，由于大规模砍伐山林，开垦耕地，造成部分山坡地表光秃，特别是近十多年来，沿海地区开挖高位养殖池和乱采锆钛砂矿，使海防林和灌木丛等植被遭受严重破坏，水土保持能力降低，松散土层易被雨水冲刷、侵蚀，从而诱发土壤侵蚀的发生、发展及恶化。如文昌的铺前、锦山、翁田、昌洒，琼海的南港及万宁的东奥、乌场等东部沿海地区，由于开采锆钛砂矿形成大面积土地沙化区（照片6-10）。

照片6-9 东方八所沿海砍伐海防林种植西瓜

照片6-10 万宁东奥锆钛沙矿开采区土地沙化

二、土地沙化

（一）分布特征

沙化土地分布于沿海河流冲积平原或潟湖、港湾淤积而成的平原地，包括滨海沙堤沙地、冲积海积平原和部分海成阶地。东北部沿海主要分布于铺前—海南角—冯坡、景心角—翁田—龙楼，东南部沿海主要分布于文昌清澜，万宁东奥、乌场、北坡及陵水新村港，三亚林旺、藤桥等地，西南部沿海主要分布于乐东冲坡—黄流；西部沿海主要分布于白马井、排浦、海头、昌化、八所、莺歌海等地，据统计，土地沙化面积为1162.0km^2，占海岸带面积的12.6%（表6-2；见图6-1）。

表6-2 土地沙化区统计

市（县）	主要发育地点	面积/km^2
文昌	铺前、海南角、冯坡、景心角、翁田、龙楼龙马、昌洒	74.40
万宁	港北、英豪半岛、乌场、东奥、神州半岛	47.01
陵水	三才、黎安、新村、英州、军田	47.22
三亚	林旺、藤桥、羊栏、保港、梅山	26.88
乐东	冲坡、黄流、莺歌海、佛罗	60.50
东方	板桥、感城、新村、罗带、八所港、墩头、四更	119.40
昌江	昌化港、乌烈、海尾	248.13
儋州	海头、排浦、白马井、新州、中和	310.78

从时间上分析，20世纪90年代以前，土地沙化发展的速度较慢，风成沙化约占90%，水成沙化约占5%，人类活动（如不合理开垦、过度放牧、大量砍伐海岸防风林、开采砂钛矿、挖池养殖、不合理施肥等）引起的沙化约占5%。90年代以后，土地沙化发展的速度较快，人类活动引起的沙化占30%以上，如东北部铺前—海南角—冯坡一带，由于人为开采砂钛矿，10年间土地沙化

面积增加了37.18km²（表6-3；图6-2）。从空间分布上，沙化现象从沿海带状、片状的分布逐步过渡到内陆零星分布的点状沙化，表现为土地沙化由沿海向内陆发展的趋势，土地沙化的模式表现为由点、线扩展到面并最终连成片，形成大片沙化土地并向内地推移。

表6-3　海南角土地沙漠化现状及演变

年份	面积/km²	增加量/km²
1991	0.54	37.18
2001	37.72	

图6-2　海南角土地沙化1990和2001年对比图

沿海地区土地沙化造成灌丛减少、植被覆盖率降低、土壤肥力下降和农作物减产，抑制了当地农业的发展。此外，沙化向内陆村庄迁移，形成风沙灾害，严重影响当地居民的正常生活，对地质环境影响较大。

（二）成因分析

土地沙化主要发育于中砂、细砂、粉砂、粉土等地层分布区。按成因分为风成沙化和水成沙化两大类。风成沙化是岛内主要沙化类型，是以风力为主营力而造成的土地退化，由海风吹扬作用形成。风力作用主要包括风蚀作用和风积作用。在空间上呈条带状沿海岸带发育。水成沙化主要以流水为主要营力，由水蚀作用（面蚀和沟蚀）和水积作用（冲积、洪积、坡积）所造成的土地退化。水成沙化主要发育于南渡江、宁远河、望楼河、昌化江、珠碧江、排浦河等河流的中下游阶地、河漫滩等地，呈串珠状分布。

土地沙化具有其内在和外在两方面的原因，即具有能够形成沙化的中粗砂、中细砂、粉细砂、粉土等松散地层，同时又要具备气候条件（降雨量少，蒸发量大，海风吹扬作用强烈）及人类强烈活动（不合理开垦、种植、放牧）等外界条件。

1. 地质环境条件

沿海沙化分布规律主要为：①沿海的砂质台地、滨海平原，其地表主要由砂质组成，在气候因素、人类活动的影响下，极易发生土地沙化。②以河流冲积作用为主的水成沙化沿河流分布，而以剥蚀、冲洪积、坡积作用为主的水成沙化主要分布在昌化江、南渡江、珠碧江入海口两侧。

沿海岸地区主要为第四系北海组、八所组、烟墩组和混合相堆积物，由贝壳碎屑砂、中粗砂、中细砂、粉砂、粉土等组成，结构松散，黏结性差；河流阶地冲洪积松散堆积层由粉土、含砾粉土、粉质黏土、中细砂等组成。由于滨海平原区、河流阶地、河漫滩等物质组成的特殊性，为土地沙化的发育及形成提供了沙源，具备土地沙化的地质环境条件，在适宜条件下均可发生土地沙化。

2. 气象因素

气候条件变化大是造成土地沙化的主要外部因素。海南岛虽属热带、亚热带海洋性气候，年降雨量大，但各地年降雨量的时空分配极不均。夏秋雨季降雨量大，占全年的85%~90%，多暴雨和台风；而冬春两季降雨量少，仅占全年的10%~15%。暴雨和台风，增强了地表流水的动力，地表侵蚀作用加强，加速了河流阶地和河漫滩水成沙化的发育、发展。土地沙化受气候影响较大的地区为西部海岸，在儋州白马井—乐东莺歌海一带沿海地区，多年平均降雨量小于900mm，多年平均蒸发量大于2500mm，降水量远远小于蒸发量，气候干燥以及无林涵养，使结构疏松、透水性强的粉细砂层水分强烈蒸发，砂粒干燥，很容易被风起动（起动风速为3.8~4.8 m/s）形成风沙化灾害；海岸地形开阔，常风大（风速4.0~5.0m/s），为沙化的形成提供了强有力的动力。风在土地沙化地过程中起到风积和侵蚀两种作用。大风对地表侵蚀，使沿海滨海平原区的疏松砂质地表直接起沙，并同时搬运和堆积，使土地沙化地区不断扩大，并形成各种风成地貌。如昌化港北侧山包，经海风长期吹扬作用，沿岸沙堤沙丘不断迁移、搬运，现沙丘已搬至该段海岸附近的一座高77m山包的半腰，且沙丘还在向上搬移。

3. 人类活动

人类的不合理活动是造成土地沙化的主要因素之一。

1）人口增长、植被破坏、土地利用不合理。沿海地区人口增长过快，加重了土地的承受能力。开垦荒地及开发区的无序建设等，在沿海砂质地区大规模砍伐灌木林和海防林，植被覆盖率大大降低，造成局部地段地表常年裸露，人为疏松地表，导致风蚀、风积作用加强，造成土地沙化的发展扩大。

2）东部沿海地区大规模开采砂钛矿，在文昌的铺前—海南角—冯坡、景心角—翁田—龙楼—清澜、万宁的港北—东澳至陵水的新村—英州一带沙堤沙地，原先植被条件较好。自20世纪80年代以来，由于开采锆钛砂矿和种植西瓜，海岸沙堤防风林被大量砍伐，坡地、沙堤被开挖，形成裸露沙丘。在海风的吹扬作用下，沙化面积逐年扩大，不断向内陆迁移，1991—2001年的10年间，沙化面积增加约98km^2。

3）沿海地区大面积开挖高位养殖池。修建高位养殖池，毁林面积往往比所建的高位池面积大20%~30%。毁林后，大面积沙堤直接裸露于地表，形成移动沙化区。

（三）土地沙化预测分析

根据海南岛卫星遥感影像图，西南部地区1991年土地沙化面积为982.8km^2，2001年土地沙化面积发展到1064.0km^2，10年时间净增81.2km^2（表6-4），土地沙漠化年均增长8.1km^2，在今后一段时间内如果没有采取有效的治理和遏制措施，照此速度发展，全岛3233.3km^{2}的冲积、海积平原估计在2030年以后可能被沙化所吞噬（按公式 $D'=A(1+R)^n$ 进行计算。式中：D 为到某一时期沙漠化土地发展预测面积；A 为已知时段的沙化面积；R 为沙漠化土地的年增长率，n 为预算年限）。

表6-4 海南岛西南部海岸带土地沙化统计对比表

年份	面积/km^2	增加量/km^2
1991	982.8	81.2
2001	1064.0	

注：海南岛西南部海岸主要是指三亚湾以西至新英湾地段。

三、海岸变迁

海南岛海岸线呈椭圆状，曲折绵长、形态复杂多变，海岸类型有砂岸、岩岸、泥岸，全长1528km，其中，砂质海岸982km，占全岛海岸的64%，主要分布于文昌、琼海、三亚等市（县）。主要河流为南渡江、昌化江、宁远河、万泉河等，主要港湾有东寨港、清澜湾、新英湾、洋浦港、昌化港、八所港、三亚港、榆林港、新村港及小海。由于自然条件、海洋动力以及人类活动的作用，海岸线发生了较为明显的变化，主要表现为海岸侵蚀、港湾淤积。通过不同时相遥感影像图的对比分析、不同时段地形图的对比分析及野外调查，海岸线变化较为严重地段为河口及港湾地带。

（一）海岸侵蚀

1. 分布特征

从卫星遥感影像图和海岸形态判断，海南岛东、南、西、北海岸线呈弧形内凹，表明存在着一定的海岸侵蚀现象，以临高角、海南角、莺歌海和亚龙湾岬角为分界点，海岸线的侵蚀分为4个不同的方向：莺歌海与临高角的西部海岸线向东北方向侵蚀，莺歌海与亚龙湾岬角的南部海岸线向正北方向侵蚀，亚龙湾岬角与海南角的东部海岸线向西北方向侵蚀，临高角与海南角的北部海岸线向正南方向侵蚀。全岛海岸岸线侵蚀长度约为230km，占海岸线总长的15%，以东、西部海岸侵蚀最为强烈（表6-5）。

表6-5　海南岛主要侵蚀岸段统计

岸段	地点	海岸类型	岸段长度/m	侵蚀幅度/m	侵蚀造成的灾害
北岸	海口东营	砂岸	5000	2001年比1991年后退了30m	海岸防风林倾倒
	海口后海	砂岸	2000	近10年年侵蚀速率在8~10m	岸崩，危及海洋世界
	澄迈玉包角	岩岸、土岸	1400	后退300m	岸崩，危及灯塔、房屋
东岸	文昌东郊	砂岸、珊瑚岸	13750	近10年后退200m	防风林倒塌、两座度假村围墙倾倒
	文昌高隆湾	砂岸	5500	年侵蚀速率小于5m	防风林倾倒
	陵水黎安	砂岸、岩岸	10000	砂岸年侵蚀速率2-3m	岩岸崩塌、砂岸后退
	琼海博鳌—潭门	砂岸	20000	2001年比1991年侵蚀后退360m	南岸沙堤淤长变窄、北岸沙堤消失
南岸	三亚湾海坡	砂岸	800	总侵蚀达200m，近2年侵蚀达20m	碉堡倾倒、草地冲毁
	宁远河河口	河口沙堤	2000	近10年年侵蚀速率达30m	防波堤损坏
西岸	东方八所	砂岸	9000	八所南侧海岸近10年后退了近30m	防波堤损坏
	东方板桥	砂岸	2000	近10年岸线后退了20m	防风林倒塌

较严重的侵蚀岸段有东部的清澜湾、东郊、潭门—博鳌、黎安等岸段；北部的海甸岛、后海、新海角、玉包角等岸段；西部的洋浦湾、八所湾及南部三亚湾、宁远河河口等岸段。典型侵蚀岸段有文昌东郊的邦塘湾、琼海的万泉河入海口、三亚市的宁远河入海口，经不同时相遥感影像和不同时段地形图对比，海岸地貌发生了较大的变化（表6-5；图6-3，图6-4；照片6-11）。

2. 成因分析

（1）地质环境条件

海南岛砂质海岸线长，海岸开阔，沿岸地层主要为第四系全新统烟墩组和混合相堆积物，岩性主要由贝壳碎屑砂、中粗砂、中细砂、粉砂、粉土等组成，结构松散，黏结性差，海浪和洋流作用强烈，侵蚀岸段发育。

（2）海洋水动力条件

海南岛潮汐为日潮型，潮差 1~3m，潮流动力对海岸侵蚀的作用明显；波浪为季风型，冬季以东北向风浪或偏北向风浪为主，台风季节亦盛行东北或偏北向风浪，东北向风浪属强风浪，亦为常向浪，对东部海岸的侵蚀作用尤其强烈；西部海岸主要受春、夏季西南季风的影响，常风大（风速 4.5~5.0m/s）；海南岛为多台风区域，风暴潮也是造成海岸侵蚀的重要原因之一。

照片 6-11　东方八所湾海岸侵蚀

（3）人类活动

海岸的沙堤、沙丘、防护林、红树林及珊瑚礁是海岸线的天然屏障。人类的不合理活动使许多岸段失去了天然保护屏障，从而加剧了砂质海岸的侵蚀作用。

1）沿海旅游景点和开发区的无序开发建设，破坏沿海防风林、灌木林，使海岸沙堤、沙地植被覆盖率大大降低，使土体结构疏松，导致海岸侵蚀作用的加强。

2）东部沿海地区沙堤、沙地和浅海大规模开采砂钛矿，严重破坏沿海防风林和海岸灌丛，也是造成海岸侵蚀的主要原因之一。

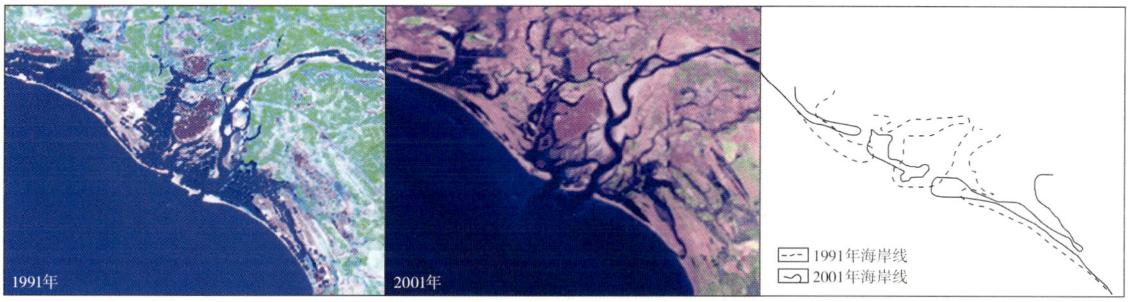

图 6-3　宁远河入海口 1991 年和 2001 年海岸线变迁对比图

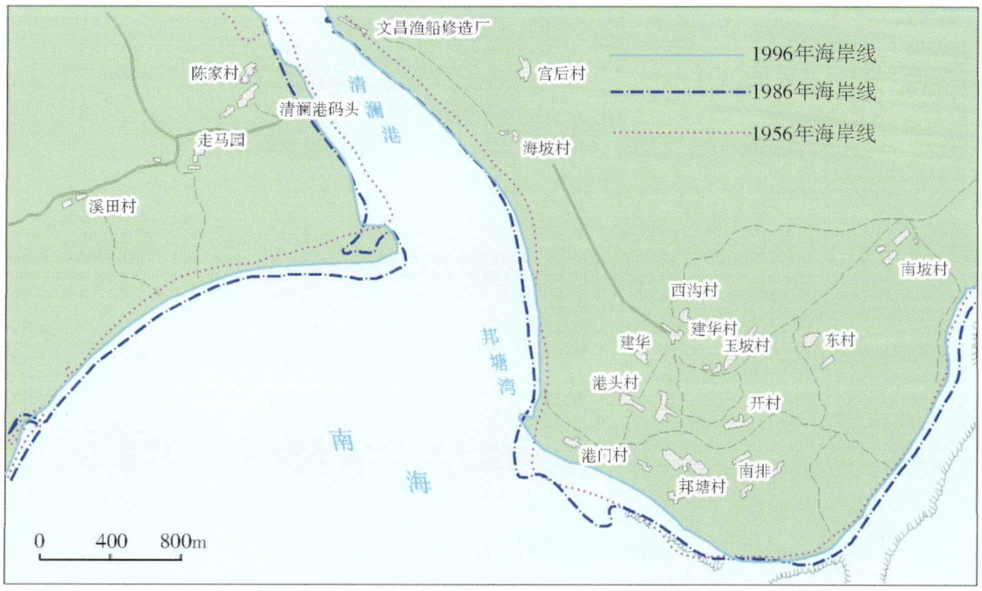

图 6-4　文昌东郊海岸变迁对比图

3）沿海沙堤、沙地大面积开挖高位养殖池，毁坏海防林，加速了海岸的侵蚀。由于海水污染和人为破坏，造成珊瑚礁和红树林的减少，使海岸失去了天然的保护屏障。

4）由于河流上游修建水库等造成泥沙来源减少，破坏了海水、河水的动态平衡，陆源物来源不足，造成海岸侵蚀作用增强。

（二）港湾淤积

1. 分布特征

由于自然条件、海洋动力、河流水动力以及人类活动的作用，使大量泥沙在海岸、港湾内发生沉积。通过对不同时相遥感影像图海岸线的对比、不同时段地形图的岸线对比以及野外实地调查，淤积岸段主要分布于河口及港湾地区（表6-6；图6-5，图6-6）。

表6-6　海南岛海岸带严重淤积地点统计

市（县）	地点	所属河流入海口	面积/km^2	备注
海口	海口湾	南渡江河口西侧湾内	12.08	10年淤积（含人工造地）
万宁	小海		9.5	
	老爷海		4.8	
陵水	新村港		13.8	
乐东	望楼港	望楼河	1.1	
昌江	昌化江河口	昌化江	11.8	10年淤积
儋州	新英湾	北门江	40.5	
	顿积港	顿积河	5.9	

图6-5　昌化江入海口1991年和2001年河口淤积对比图（卫片解译成果）

港湾淤积的发育特征受地形、地貌、植被及入湾河流输砂量和潮水补排条件等影响十分明显。如北门江每年蚂蝗岭地区携带的泥沙进入新英湾内，并严重影响了洋浦港航道的正常运行；神州半岛老爷海由于近年来大面积开采砂钛矿和挖池养殖，使大量流沙流入老爷海，形成严重淤积。此外，在海湾内进行大规模的网箱养殖，改变了海潮的动力条件，造成海水补排不畅，也是淤积的重要原因。

2. 成因分析

港口、港湾地区大部分为河流入海口或汇水凹地，河流搬运大量的泥沙进入港口、海湾，或以沿岸流的方式进入海滩，河流输砂量的增加引起附近海滩泥沙淤积。

暴雨和台风增强了地表流水的动力，加剧了地表水流的冲刷，河水把大量的泥沙搬运到港湾沉积，为港湾淤积的形成及发展提供了丰富沙源。

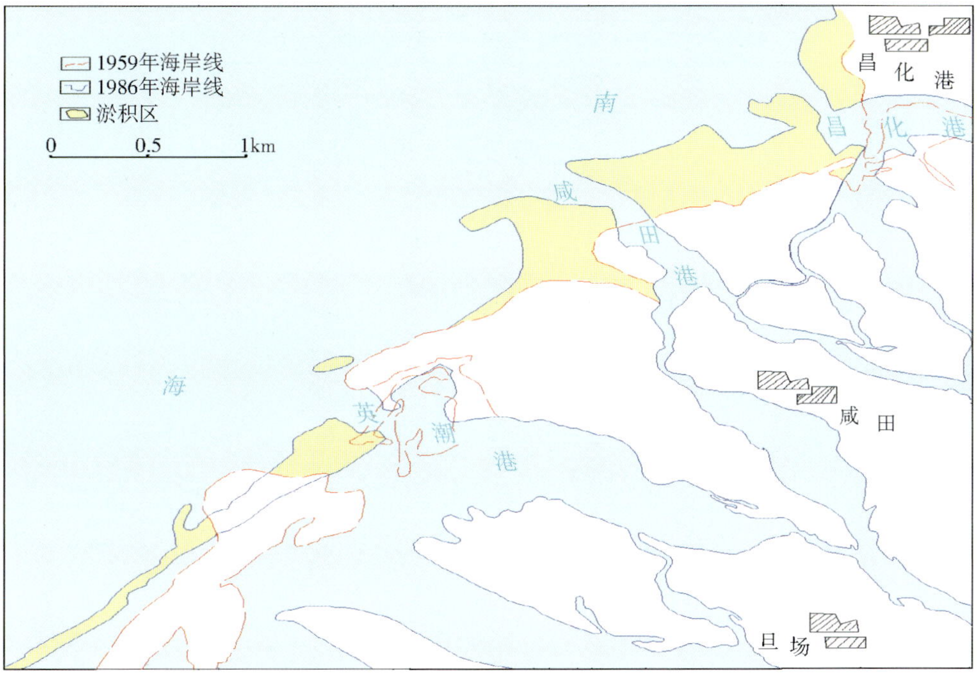

图 6-6　昌化江入海口 1959 年和 1986 年河口淤积对比图（采用地形图解译成果）

人类过量砍伐原始森林，生态环境遭到破坏，使水土保持能力降低，地表侵蚀作用增强，导致河水含砂量增加。港湾外围大面积开采砂钛矿和开挖养殖池，破坏海防林，导致流入港湾的泥沙增多。港湾内进行大面积网箱养殖，改变了海水动力条件，潮水排泄不畅，加速港湾淤积。

（三）红树林退化

红树林是生长在热带、亚热带港湾潮间带的泥沙、粉细砂、淤泥等生存环境中的植物群落，根系发达，故有“海底森林”和“海岸卫士”之称。多呈带状分布于河口、潟湖内湾，犹如一道绿色长城，能抵抗猛烈的风浪冲击，维护和改善海湾生态环境，在抵御海潮、风浪等自然灾害，防治近海海洋污染及保护沿海湿地生物多样性等方面具有不可替代性。红树林植物群落结构复杂，栖息其中的鱼虾、贝类、蟹类、鸟类品种多、数量大，是在国际上受到保护的重要湿地资源，我国广东、广西、福建、台湾、海南岛等地海岸线红树林分布比较广泛，但是自 20 世纪六七十年代开始，海南岛的红树林由于人类盲目开垦沿海滩涂资源而减少了 50%~70%。

在东寨港、清澜湾、新英港、望楼港、榆林港、新村港以及小海等港湾，由于人为破坏、滩涂开垦和开挖养殖池，使原来生长茂密的红树林遭受严重破坏，面积大大减少，防护效能逐渐下降，生态环境趋于恶化。从 1991 年卫星影像图上测算，红树林面积有 51.79km^2，而 2001 年卫星影像量算红树林面积约 27.59km^2，说明在近 10 年内全岛红树林遭受破坏而萎缩了 46.73%。破坏较为严重的为新英港，1991—2001 年因大面积开挖养殖池红树林由原来的 8.18km^2 减少至 1.95km^2，净减 76.16%（表 6-7；图 6-7）。此外，1991 年开始，东寨港红树林区因开发旅游业及海水污染等也造成红树林的退化。

表 6-7　海南岛红树林现状及演变一览表

地名	2001 年面积/km^2	1991 年面积/km^2	减少面积/km^2	减少/%
东寨港、清澜湾、砂美内海、花场	24.67	42.10	17.43	41.40
新英港	1.95	8.18	6.23	76.16

续表

地名	2001 年面积/km^2	1991 年面积/km^2	减少面积/km^2	减少/%
榆林港	0.27	0.38	0.11	28.95
新村港	0.51	0.92	0.41	44.56
小　海	0.13	0.21	0.08	38.10
合　计	27.53	51.79	24.26	46.84

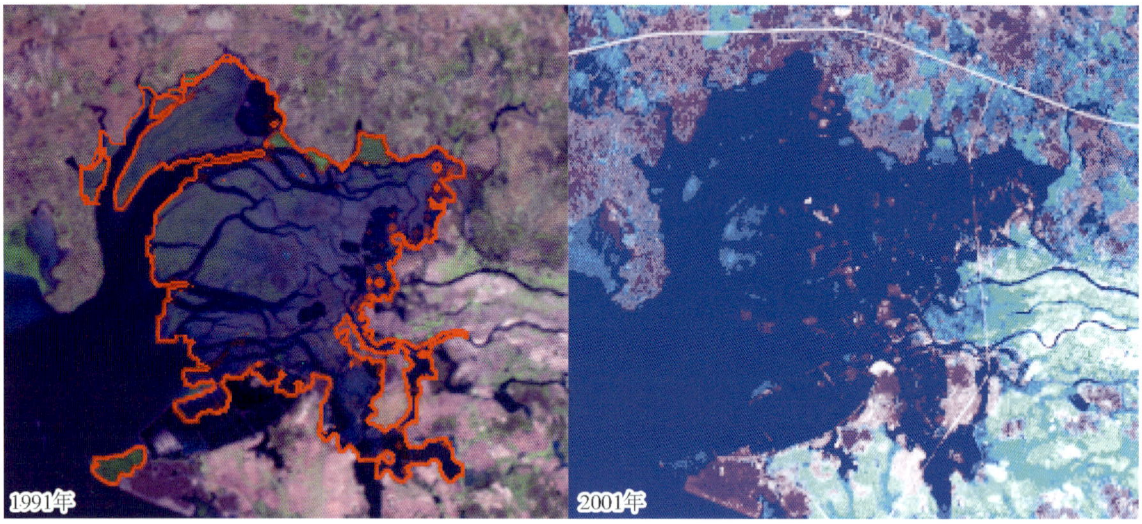

图 6-7　新英港红树林 1991 年和 2001 年退化对比

四、海水入侵

海南岛海岸带海水入侵主要分布于儋州新英湾地区，对洋浦经济开发区的供水构成一定影响。

（一）海水入侵现状

海水入侵主要分布于新英湾海湾沿岸地区。

第四系松散岩类孔隙潜水中氯离子含量（$Cl^->80mg/L$）较高的地区主要位于海湾南部的白马井镇、山村至南岸村、麦兰村、道恋村一带，东南部的新州镇至中和镇以北至新英镇之间，呈条带状沿海湾分布，面积约 32km^2；火山岩潜水氯离子含量（$Cl^->80mg/L$）较高的地区主要位于新英湾北部洋浦港至郑宅村一带海湾地区，面积约 12km^2；新近系海口组承压水氯离子含量较高地区主要发育于新英湾南部的白马井至南岸村、新英镇至攀步村等地及洋浦港北部的莲花山以西地区，面积约 14km^2（图 6-8，图 6-9）。总体上看，第四系松散岩类潜水区入侵的范围较承压水区大，氯离子含量距海岸线由近至远逐渐降低（图 6-10，图 6-11）。

承压水入侵程度相对较轻，仅在新英湾南部的白马井至南岸村沿海地区和洋浦港北部莲花山以西较为严重。

新英镇地区潜水出现海水入侵，已使区内民井全部报废。新英镇地区海口组（N_2h）承压水 1990 年就有井点 Cl^- 高达 14316.56mg/L，矿化度 23.342g/L，属海水严重入侵区，但该区海水入侵目前处于动态平衡状态；公堂下村地段海口组含水层海水入侵目前也处于动态平衡状态，然而白马井镇~南岸村海水入侵海口组含水层有继续向内陆扩散的趋势。海水入侵造成地下水咸化、不能饮用，抽水机井报废，严重影响沿海地区村民的生活、生产用水，给当地居民的生活造成严重影响。

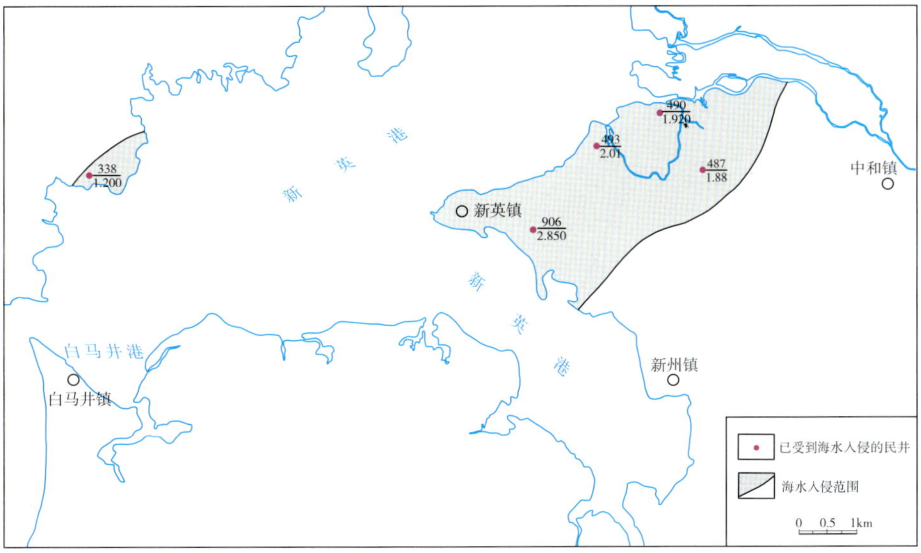

图 6-8 新英湾潜水入侵分布图

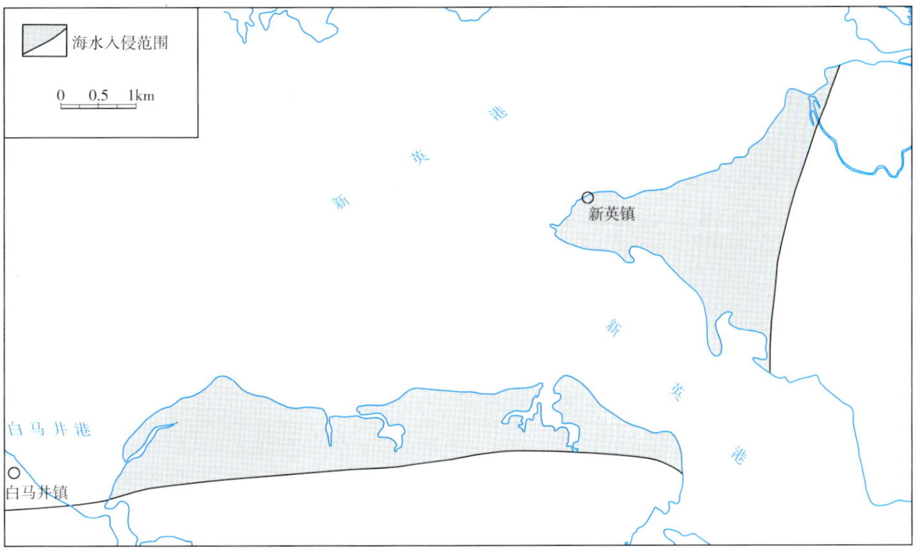

图 6-9 新英湾承压水入侵分布图

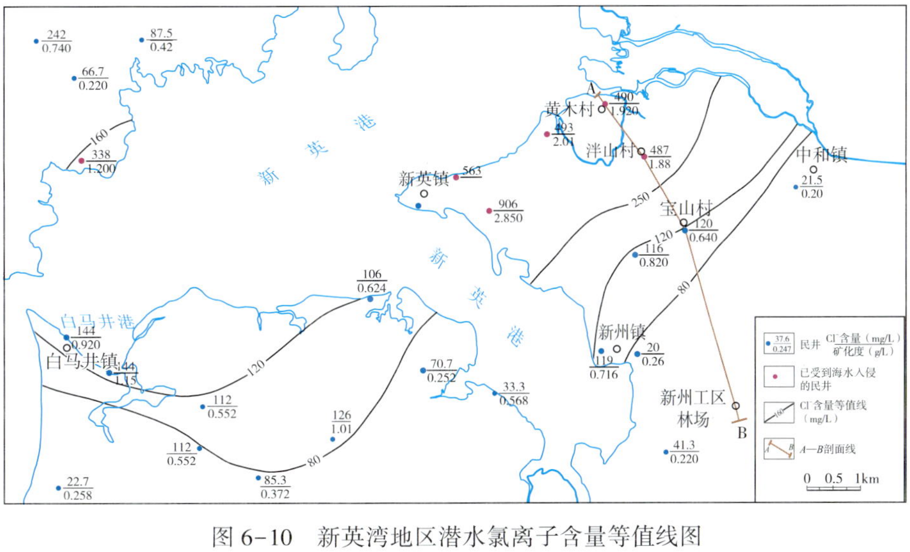

图 6-10 新英湾地区潜水氯离子含量等值线图

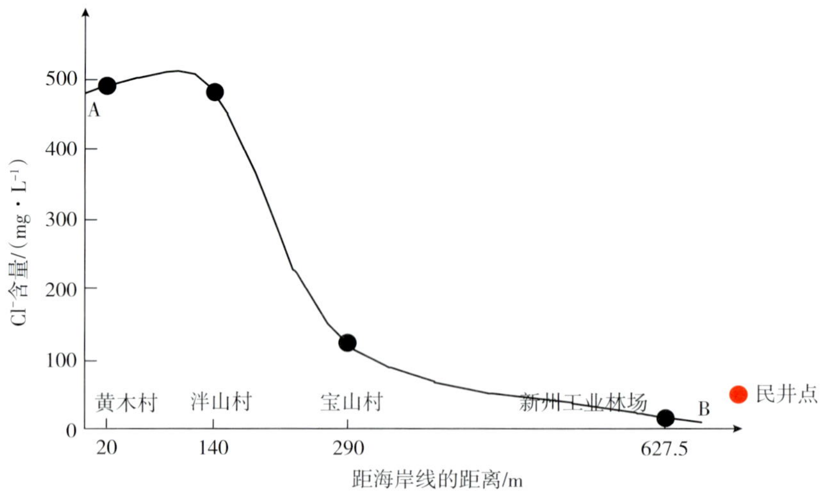

图 6-11　新英湾地区松散层孔隙潜水氯离子浓度

（二）成因分析

由于新英湾地区具备海水入侵的水文地质条件，在地下水不合理开采等人类活动诱发下发生海水入侵。

新英港南、北两岸分别赋存有浅层松散岩类孔隙潜水和火山岩潜水，它们与海水之间存在着密切的水力联系；底部承压含水层由于受北东向构造切割，出露于新英港海区，是承压水的天然排泄区。

在天然状态下，松散岩类孔隙潜水、火山岩潜水和承压水均以新英湾为天然排泄区，水位分别高于海平面 2~15m。近年来，由于人口增加，地下水开采量增大，潜水和承压水水位持续下降，许多地区低于海平面，从而引发海水入侵。进入 20 世纪 90 年代后，由于大量开采白马井和洋浦港承压水，已初步形成了以白马井和洋浦港为中心的地下水开采漏斗中心区，开采量约 5600~6000m^3/d，最低水位标高为-12.5m，已大大低于海平面，海水经原先承压水排泄途径反渗入，引发海水入侵。

五、原生地下水环境地质问题

原生地下水环境地质问题主要出现于海岸带地区，按其成因可分为古封咸水、高铁水、高氟水等 3 种类型。古封咸水区主要分布于海口、三亚、东方八所和感城及乐东莺歌海、九所等地；高氟水、高铁水主要分布于三亚荔枝沟、羊栏、崖城，乐东九所、莺歌海、佛罗，东方板桥及儋州长坡等地。

（一）古封咸水

古封咸水是在漫长的地质时期，由地质沉积作用在古海湾、潟湖地区形成的地下咸水体。在海口、三亚、东方八所、感城及乐东莺歌海、九所等地均有分布，且分布面积较大。由于地下水水质咸化不宜饮用，造成当地居民饮水困难（表 6-8）。

表 6-8　古封咸水地区基本情况统计

地点	所属盆地	含水层	面积/km^2	Cl^-含量/($g \cdot L^{-1}$)
海口	琼北盆地	潜水含水层	35.2	1.24~1.35
三亚	三亚盆地	承压水含水层	42.95	0.65~0.96

续表

地点	所属盆地	含水层	面积/km^2	Cl^-含量/($g \cdot L^{-1}$)
东方八所	八所-感城斜地	潜水、承压水含水层	14.70	0.78~0.98
东方感城	八所-感城斜地	潜水、承压水含水层	18.45	0.64~1.05
乐东莺歌海	黄流-九所盆地	潜水、承压水含水层	33.68	1.65~1.96
乐东九所	黄流-九所盆地	潜水、承压水含水层	4.67	0.73~0.92

（二）高氟水

高氟水是指氟含量大于1.0mg/L的地下水，主要分布于三亚盆地、崖城盆地、九所盆地、莺歌海盆地、板桥斜地等地区的承压水含水层中，氟离子含量一般为1.0~15.0mg/L，高者达17.0mg/L。超过了生活饮用水卫生标准，长期饮用高氟水会引起氟斑牙、氟骨病等地方病。

根据高氟水的分布特征和氟含量的变化规律，地下水中氟来源主要与岩浆岩中的含氟矿物（如黑云母、萤石等）的水释和淋滤作用有关。岩浆岩主要为黑云母二长花岗岩，岩石中黑云母、角闪石矿物含量普遍较高（5%~10%），在一些构造裂隙带中有萤石细脉产出。岩石经水和风化淋滤作用，氟离子向地下水中迁移，在地下水的循环过程中逐渐富集而形成高氟水。高氟地下水主要为承压水，分布于海南岛西南部自流盆地（斜地）（表6-9）。

表6-9 海南岛西南部高氟地下水地区基本情况统计

地区	地下水类型	F^-含量/($mg \cdot L^{-1}$)	面积/km^2
三亚盆地	承压水	1.00~12.00	34.96
崖城盆地	承压水	3.97~17.00	66.89
九所盆地	承压水	1.00~2.20	13.97
莺歌海盆地	承压水	1.55~6.98	91.69
板桥斜地	承压水	2.20~15.00	34.76

（三）高铁水

高铁水是指铁含量大于0.3mg/L的地下水，在儋州长坡、乐东莺歌海、三亚等地承压含水层中均有分布（表6-10）。此外，儋州八一农场、陵水三才、昌江石碌等地区也有零星分布。Fe^+含量一般0.30~2.0mg/L，高者达19.5mg/L。由于含水层中铁质含量较多，在地下水溶蚀、水释作用下，水中铁离子逐渐富集，含量逐渐增加，形成高铁水。

表6-10 海南岛海岸带高铁质地下水地区基本情况统计

地点	地下水类型	总Fe含量/($mg \cdot L^{-1}$)	面积/km^2
儋州长坡	承压水	0.3~3.50	52.77
莺歌海盆地	承压水	0.3~3.60	137.82
三亚盆地	承压水	0.3~6.32	24.09

六、浅层地下水污染

浅层地下水主要分布于海南岛沿海平原沙堤、沙地和河流冲洪积阶地，赋存于第四系北海组、八所组、万宁组、琼山组和烟墩组，岩性主要为砾砂、中粗砂、中细砂、含砾粗砂、粉细砂及粉砂，松散，渗透性强，富水性较差，局部地段水量丰富；含水层直接出露地表，主要接受大气降水的入渗补给，径流受地形控制，由高向低径流排泄。

海岸带浅层地下水污染主要由海水养殖引起，为一种新出现的地下水污染方式。污染区沿近海沙堤、沙地呈不连续带状分布，污染程度跟养殖时间成正比，跟高位养殖池防渗性能成反比。污染原因主要为养殖池池壁和池底没有采取任何防渗漏措施；或养殖池因修建多年，池壁渗漏、防渗膜破损等原因，污废水直接渗透补给地下水而造成的污染；此外，污废水乱排、乱放也造成地下水污染的原因之一（表6-11）。

表6-11　海南岛海水养殖业造成地下水污染地区情况统计

地点	Cl^-含量/($mg \cdot L^{-1}$)	地下水类型	影响程度
监高美夏博纵村	11000	潜水	民井报废、农田盐渍化
陵水黎安海富公司	412	潜水	
陵水长城乡	1710	潜水	
三亚林旺海棠湾	1000	承压水	
三亚保港	171	潜水	
东方新村	818	潜水	
东方新村山海养殖公司	18500	潜水	
乐东太阳城	8180	承压水	

第三节　城市环境地质问题

海南岛主要城市均位于海岸带地区，城市由于人口密集、工农业发达、人类活动强烈，对地质环境的影响较大，不但包含了海岸带所具有的生态环境问题，同时还存在一些与人类活动密切相关的环境地质问题。

一、海口市

海口市位于海南岛北部，是省会城市和海南省政治、文化、经济中心，面积2304.8km²。城区位于海口湾及南渡江出海口地区，属滨海平原、海成阶地及河口三角洲地貌，地势低平，地面标高2~4m（秀英高程系）。2003年底，海口市常住人口166.92万人，国内生产总值228.86亿元，工业总产值220.57亿元，农林牧渔业总产值34.64亿元，全社会固定资产投资103.4亿元。境内海域面积在830km²以上，可供养殖的滩涂面积约200km²；城市建设发展迅速，道路四通八达，城区面积逐年扩大，城市建设与改造对地质环境影响巨大，同时引发了许多环境地质问题。研究结果表明，主要环境地质问题有海岸变迁、不良工程地质环境、地下水污染等（图6-12）。

（一）海岸变迁

由于人类工程活动的增加，在海岸带地区进行填海造陆和港口等设施的建设，造成部分岸段出现侵蚀，局部岸段发生淤积，岸线变化较大。侵蚀海岸主要分布于新海和东营海岸，新海海岸侵蚀岸段长约2km，近10年以来，年侵蚀速率达8~10 m，形成了高差几米的海岸陡坎，对海口西海岸的假日海滩、热带海洋世界等滨海沙滩景观资源形成了较大的危害。

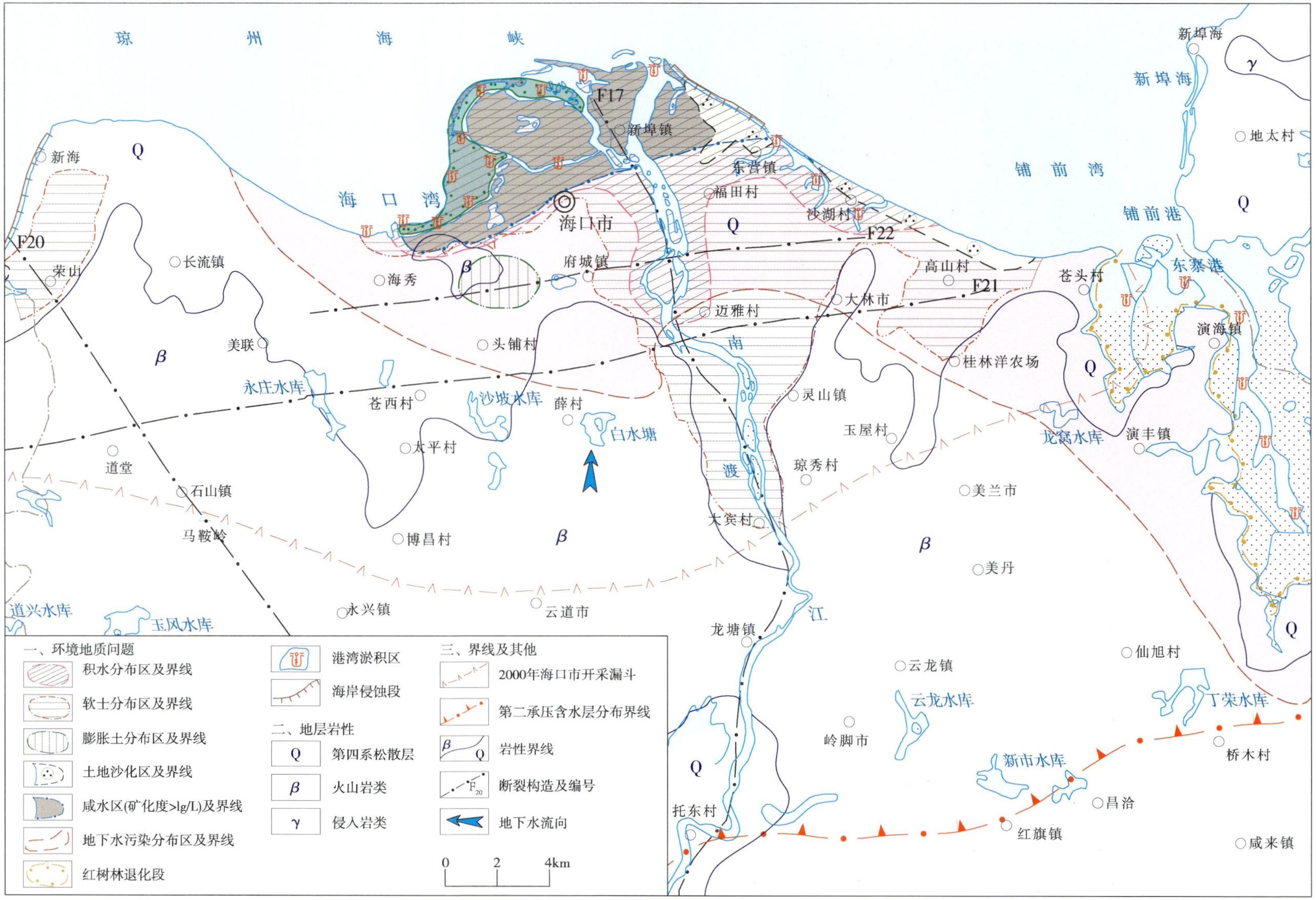

图 6-12 海口市环境地质图

淤积岸段主要分布于南渡江河口以西的海口湾，湾口向西北敞开，在东北主导季风的影响下，沿岸流的主流方向自东向西流，在海口湾形成一逆时针环流，南渡江携带的泥沙向西移在环流和潮流的影响下，大量进入海口湾，造成港口淤积，据航道部门的资料，海口湾内秀英港港池和航道年回淤泥沙 $23\times10^4\sim31\times10^4$t，位于湾顶的海口内港航道淤积更为明显。白沙门港位于海口港的东侧、南渡江三角洲的突出部，水动力强度大，细小物质易被海浪花冲刷飘散，淤积轻微。海甸岛、海口湾东部新港至秀英港段，自 20 世纪 90 年代以来，由于人工造地填海，海岸形态改变较为明显（图 6-13）。

图 6-13　海口市 1991 年和 2001 年海岸淤积对比图

（二）不良工程地质环境

不良工程地质环境表现为软土和膨胀土危害。软土主要为软—流塑状的淤泥和淤泥质土，分布于海口玉沙村、荣山、东营、流水坡、海甸岛、新埠岛等沿海及河口地区，面积约 92.91km^2。其中，市内面积约为 30km^2，占全市面积的 40 %。除局部地区有小面积出露地表外，其余均隐伏于人工填土、砂类土、黏土类土之下，顶板埋深一般 0.8～10.0m，秀英港埋深小于 1.2m，海联一带达 10m；厚度一般 1～6m，以玉沙村、海甸岛西部等地最厚；岩性以淤泥为主，呈流塑—软塑状，力学强度低，具触变性、高压缩性、流动性和透水性差等不良工程性质，对建筑物的不良影响主要表现在基础滑移、基础挤出、沉降量大、沉降时间长和差异性沉降等，对堤岸、码头的稳定尤为不利。

膨胀土主要为凝灰岩风化土，分布于市区金牛岭东南部坡博市场至亚洲豪宛一带，面积约 6km^2，范围较小，土层顶板埋深 10～20m，由北向东南方向逐渐变深，自由膨胀率为 40%～50%，属弱膨胀土，对低层建筑物有影响。

（三）地下水污染

海口市区金牛岭、流水坡以北地区分布有浅层咸水体，由于原先开采井破损，浅层咸水沿井口下渗补给深层承压水，造成局部地段承压水咸化，如海甸岛北部的海峡所 M30 号井，氯离子含量逐年增高，由 1986 年的 0.027g/L，上升到 2003 年的 0.82g/L，形成点状污染。

新埠岛、东营、东寨港等沿海地区，近年来高位养殖业发展迅速，在沿海沙堤、沙地上修建高位养殖地，引海水养殖，导致浅层地下水污染严重，水中氯离子含量由 1995 年养殖前的 0.028g/L，上升到 2003 年的 0.136g/L，使沿海地区浅层地下水水质恶化，造成当地居民饮水困难。

二、三亚市

三亚市位于最南端，是著名的热带滨海旅游城市，面积约 $1919km^2$，海域面积 $5000km^2$。2003 年底常住人口 50.39 万人，国内生产总值 41.17 亿元，工业总产值 11.86 亿元，农业总产值 22.02 亿元，旅游总收入 29.26 亿元，全社会固定资产投资 26.08 亿元。境内拥有得天独厚的热带气候、植被、地质、地貌、滨海风光，热带滨海景观、阳光、海水、沙滩等旅游资源丰富，自然景色优美，人文古迹众多。随着城市建设的不断发展，城市环境地质问题日益突出，存在海岸变迁、红树林退化、原生地下水环境地质问题、不良工程地质问题等制约城市发展的环境地质问题（图 6-14）。

（一）海岸变迁

三亚市海岸线长总约 143km，其中，岩质海岸线长 60km，占 41.96%；砂质海岸线长 71km，占 49.65%，泥质海岸线长 12km，占 8.39%。在砂质岸段容易形成海岸侵蚀，在泥质岸段（河口、港湾地区）容易形成淤积。由于自然条件、海洋动力以及人类活动的作用，使海岸地质环境发生了较为明显的改变。

1. 海岸侵蚀

海岸侵蚀主要分布于三亚湾海坡段和海棠湾东部岸段，长约 7.81km，占砂质海岸线总长的 11%，侵蚀率为 0.5~1.5m/a，局部地段达 3~5m/a，如三亚湾海航度假中心两侧海岸，海岸侵蚀较为严重，原修建于沙堤前缘的海防工事已倾倒于低潮位以下；海棠湾海岸侵蚀岸段长约 7km，原修建于沙堤前缘的海防工事和近几年建于高潮位以上的大口径井部分已倾倒或淹没入于海中（照片 6-12）。

照片 6-12　三亚湾海坡段海岸侵蚀

2. 港湾淤积

由于自然条件、海洋动力、河流水动力及人类活动等共同作用，导致三亚港、榆林港、铁炉港等地淤积较为严重，淤积面积分别为 $1.80km^2$、$4.77km^2$、$7.74km^2$，使航道、码头变浅，停船吨位降低，船只通行困难，每年须投入大量资金进行清淤以保证航道的正常通行。

（二）红树林退化

红树林主要分布于榆林港、三亚河的潮间带，由于城市建设滩涂开垦、开挖养殖池进行海水养殖、城市污水污染等原因，使榆林港湾、三亚河原先生长茂密的红树林遭受严重破坏，面积大大减少，防护效能逐渐下降，生态环境恶化。如榆林港 1991—2001 年因大面积开挖养殖池、海水污染等，使红树林由原来的 $0.38km^2$ 减少至 $0.27km^2$，净减 $0.11km^2$，10 年间减少了 29%。

（三）原生不良环境地质问题

原生不良环境区域较大，给地下水的开发利用造成了较大的影响。

1）高氟水主要分布于南山岭、牙龙湾及桶井—羊栏一带，面积达 $45km^2$，含氟量 1.0~12.0mg/L，超过了生活饮用水卫生标准，长期饮用超标氟水会引起氟斑牙、氟骨病等地方病。

2）高铁水主要分布于三亚湾一带松散半固结岩类孔隙承压水含水层中，总铁含量 0.3~

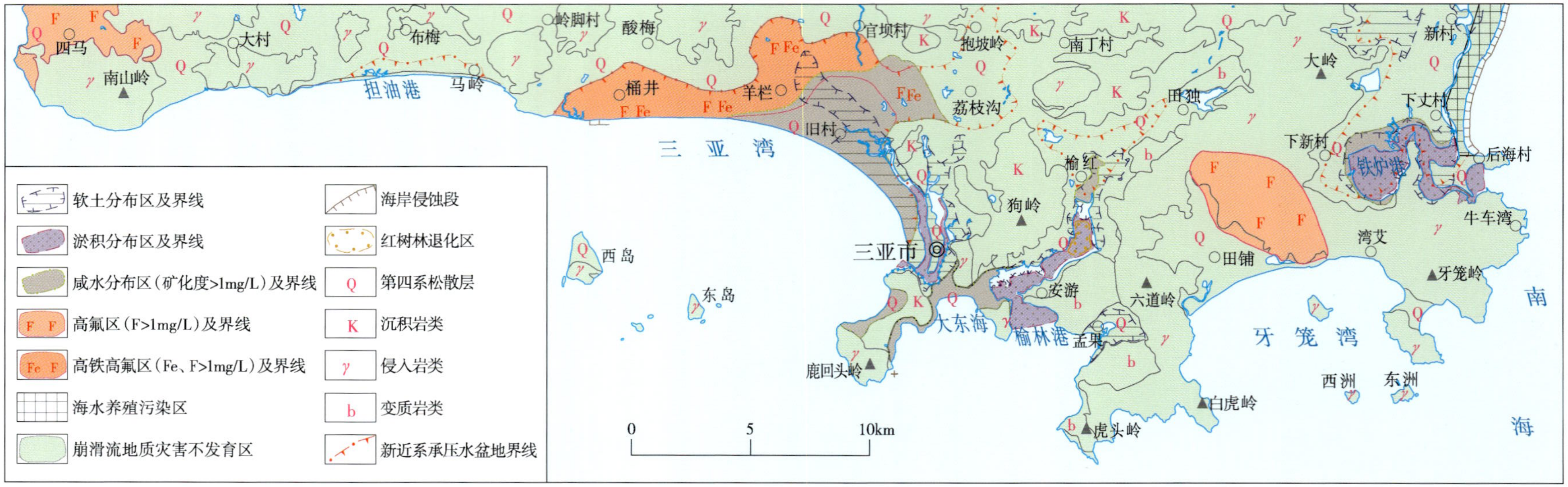

图 6-14　三亚市环境地质图

6.32mg/L，面积达42.95km²，超过了生活饮用水卫生标准。

3）古封咸水主要分布于三亚湾和榆林—田独、铁炉港、林旺海棠湾等沿海地区，在松散岩类孔隙潜水、松散半固结岩类孔隙承压水和碳酸盐岩类裂隙溶洞承压水含水层中均有咸水体存在。

三亚湾一带的咸水体在海相沉积环境区，含水层中的咸淡水界面深入陆地4km以上，分布面积约为22.55km²，氯离子含量达0.923~7.058g/L，矿化度为1~2.2g/L。由于地下径流条件差，原来古封咸水至今未完全交替，形成了现在的咸水分布区。

榆林—田独一带的裂隙水及铁炉港地区的孔隙承压水与海水之间水力联系密切，水质咸化；在田独附近，孔隙承压水分布面积约为7.45km²，氯离子含量达0.762~6.143g/L，矿化度为0.95~1.86g/L，造成当地村民饮用水困难。

（四）地下水污染

林旺—海棠湾、梅山等沿海地区，近年来在沙堤、沙地修建了大量的高位养殖池，因养殖池渗漏及养殖污废水的直接排放，对第四系松散岩类孔隙潜水造成了严重污染。据田独地区承压水分析资料，第二承压含水层中Cl^-含量高达1.0g/L，污染面积1.80km²，局部地区地下水咸化，已不能饮用，造成当地居民饮水困难。

（五）不良工程地质环境

不良工程地质问题主要表现为软土分布范围广，面积为27km²，约占市区面积的32%，岩性为软—流塑状的淤泥和淤泥质土，隐伏分布于妙山村—三亚沿岸、三亚湾和榆林港、铁炉港等沿海地区。该土层顶板埋深0~11.60m，一般2~6m。单层厚度一般2.05~7.60m，最大厚度达15.40m。具高含水量、高灵敏度、高压缩性和触变性。孔隙比为0.868~1.736，液性指数为1.05~3.32，呈流塑状。轻便触探试验击数为3~8击，标准贯入试验击数小于4击。容许承载力为50~80kPa。该类土力学强度低，为不良工程性质层，在河东商品街一带，由于软土埋藏较浅（4~6m），厚度大（8~12cm），20世纪90年代初修建于该区的许多5~7层建筑物均发生不同程度的倾斜、开裂现象，个别建筑已发展为危房。由于软土区分布广泛，在一定程度制约了三亚市的规划和发展。

三、东方市八所镇

东方市位于海南岛西部，全市面积2256 km²。2003年底常住人口38.17万人，国内生产总值27.75亿元，工业总产值12.78亿元，农业总产值14.9亿元，旅游总收入0.1876亿元，全社会固定资产投资17.2亿元。

八所镇为市政府所在地，为东方市政治、经济、文化中心和交通枢纽，依托港口和粤海铁路通道，八所镇被规划为西部重工业基地和石油化工基地的新兴工业城市。富岛化工80.0×10⁸t/a尿素厂二期的投产，使八所成为亚洲最大的化肥生产基地。并带动一系列配套和后续加工业的发展。本次调查根据工业区的发展和规划，划出204km²作为城镇环境地质的评价区域。随着新兴工业城市的不断发展，城市环境地质问题日益突出，海岸环境变迁、土地沙化、原生环境水文地质问题及地下水资源缺乏等是制约城市发展的主要环境地质问题（图6-15）。

（一）土地沙化

区内土地沙化区主要分布于鱼鳞洲以南至通天港的海成沙堤和海成一、二级阶地，沿海岸带呈带状分布，从海边向内陆延伸最宽处达2.3km，沙化面积为18.4km²，占区内面积的9%，严重影响新兴工业城市的规划和发展。

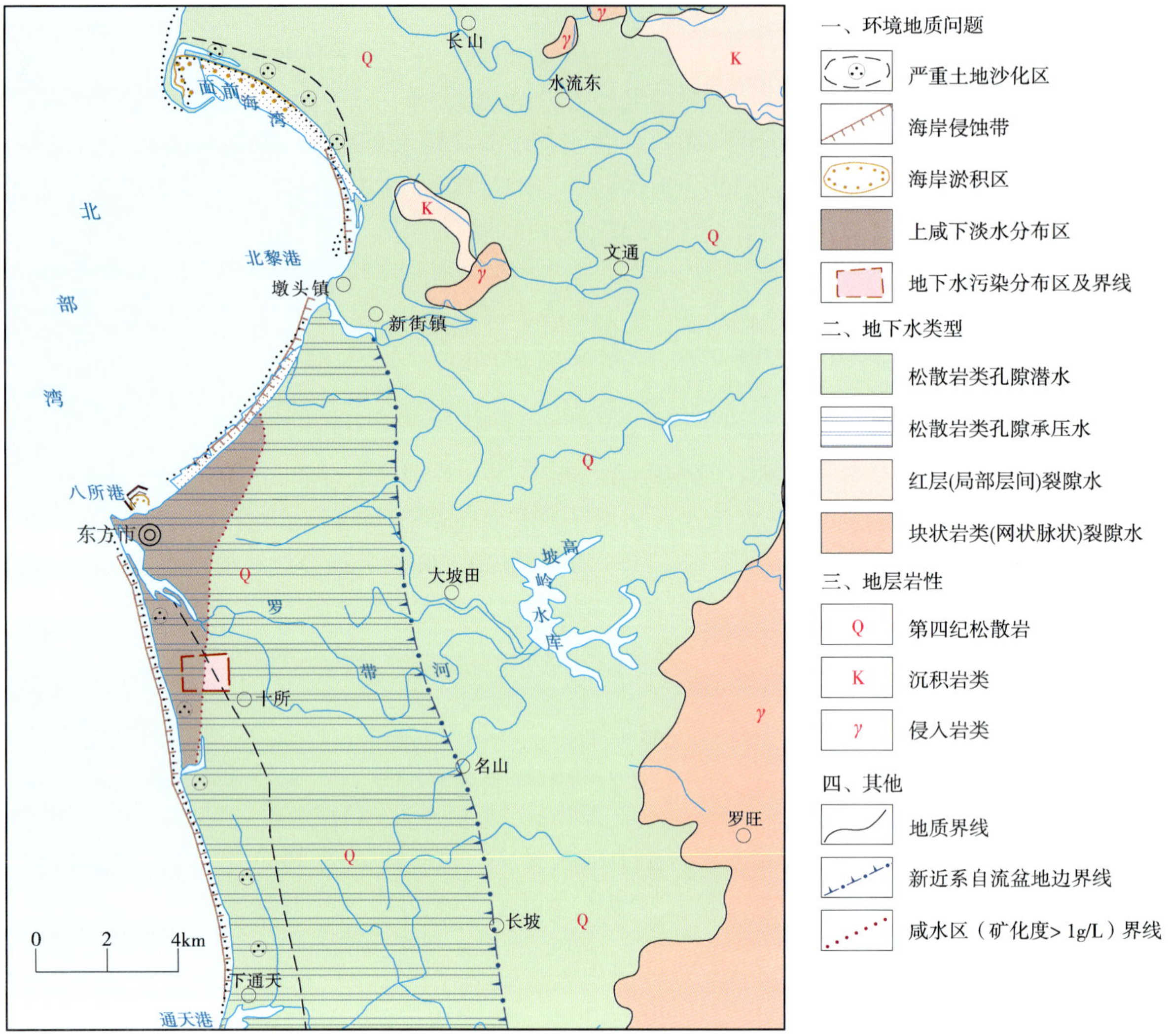

图 6-15　东方市八所镇环境地质图

（二）海岸变迁

海岸变迁主要为海岸侵蚀和港口淤积。测区海岸线长约 23.9km，海岸侵蚀岸段分布于鱼鳞洲以南至通天港岸段及八所港以北岸段，侵蚀岸线长度为 18.2km，占测区海岸线总长的 76%，近 10 年由于海岸侵蚀岸线后退了近 30m。

港口淤积主要分布于八所港和罗带入海口，由于港口南北两侧海岸均为侵蚀海岸，在风浪、潮流等海洋动力的作用下大量泥沙淤积物淤积港内，使港池由原水深 11m 变为 9m，船只停泊吨位大大减小。另外，货物装卸、码头垃圾也是港口淤积的原因之一。

（三）原生不良环境水文地质问题

该问题主要表现为古封咸水。分布于八所港以北、十所村以西的海成沙堤和一级阶地，大致呈等边三角形分布，咸淡水界面深入陆地约 2km，分布面积约 14.70km。赋存于海成沙堤和一级阶地第四系松散半固结岩类孔隙潜水及第三系（古近系、新近系）松散半固结岩类孔隙承压含水（第 1、2 层），潜水氯离子含量达 336.0～2800.0mg/L，矿化度为 1～5.6g/L；承压水氯离子含量达 2667.0～4017.0 mg/L，矿化度为 1～9.1g/L。由于含水层平缓，水力坡度小，径流、排泄条件差，地下水交替作用弱，形成水质咸化，属原生不良环境水文地质问题。

（四）地下水资源缺乏

随着八所镇新兴工业城市的不断发展，工业规模也不断增大，人口不断增多，需水量不断加大，水资源问题日益突出。在200km^2范围内地下水天然资源量为3564.83×$10^4m^3/a$，可开采资源量为2811.51×$10^4m^3/a$，地下水开采资源量仅能满足八所镇新兴工业城近期生活用水和工业用水的45%，远期规划的20%，八所镇地下水资源较为缺乏的城市。

第四节　矿山环境地质问题

海南岛现有大型矿山12座，中型矿山10座，小型矿山450座；露天开采462座，井下开采10座；生产矿山397座，在建矿山15座，闭坑矿山60座；国有矿山28座，集体矿山31座，个体矿山360座，合资矿山10座，外商独资矿山4座，其他矿山39座；矿山采空区面积4087.84hm^2，矿山面积24071.48hm^2。2004年由部、省发证的矿山为88座，占全省矿山总数的18.64%。

2003年底建材工业产值8.69亿元，冶金采矿业产值9.2亿元，有色金属工业产值3.7亿元，矿业在海南省的国民经济建设中具有重要地位。由于岛内矿山主要以小型个体矿山及露天开采矿山为主，对矿山及周围环境破坏较大，产生许多矿山环境地质问题，个别矿山甚至造成了严重危害。

一、矿山主要环境地质问题

随着矿产资源的开发利用，在带动其他行业发展、促进社会经济增长的同时，对生态环境也产生一定的不良影响，矿山生态地质环境问题日趋突出。矿业的采掘、选冶加工产生的“三废”是生态环境破坏和污染的源头之一，其破坏和污染程度主要取决于矿山的分布密度、开采规模、开采方式和矿业产生“三废”类型、总量及无害化处理情况。矿产资源开发造成的生态环境破坏和污染主要表现为耕地、森林、草地破坏和土壤侵蚀、土地退化、地质灾害、水质污染、自然景观破坏等。

（一）矿山生产开发对耕地森林草地破坏

矿山生产开发对耕地森林草地破坏所造成的环境问题主要表现在矿山露天开采、废弃物堆放等对地表耕地、植被的破坏，以矿山露天采矿破坏最为严重，其次是废弃物堆放。海南岛以露天开采方式的矿产种类多，分布区域广，对耕地、森林、草地等破坏较为严重。露天开采的矿产主要有铁矿、锆砂钛矿、金矿、水泥灰岩、白云岩、饰面石材等，有石碌铁矿、保定锆钛砂矿、昌化铅锌矿、高通岭钼矿、尖峰岭花岗岩石材矿等矿山430多座，主要分布于西南部山地丘陵区和东部沿海地区。昌江县石碌铁矿区，以露天剥采方式开采，采矿区以及废矿渣堆放区内的植被破坏率高达90%，岩石完全裸露，形成秃山；东部沿海的锆钛砂矿开采（如文昌铺前新阜海、锦山、五龙港，琼海南港，万宁乌场、保定等矿山），由于民采的乱采滥挖，破坏海岸植被和耕地，除少量复垦外，大部分沙丘裸露地表，使原先秀丽的海岸变成荒滩，如文昌铺前、锦山；西南部山地丘陵区开采的水泥灰岩矿山和饰面石材矿山，均造成不同程度森林、草地的破坏。由于矿山开发造成耕地、森林、草地的损毁，各矿区生态地质环境质量发生变化，也破坏了整个生态系统的平衡，最终对整个生态地质环境造成一定影响。

（二）矿山开发造成水土流失和土地退化

矿山开发建设造成森林、草地破坏的同时，还伴随土壤侵蚀和土地退化环境地质问题的发生。

矿山开采不但破坏植被，也破坏了山地边坡的稳定性，从而引发土壤侵蚀、崩塌、滑坡、泥石流等地质灾害的发生。根据全岛矿产资源分布和矿山开采程度对比分析，西南部地区的低山丘陵和滨海平原区，由矿山开发引发的土壤侵蚀和土地退化的环境问题相对较轻；东部沿海地区，由矿山开采造成了海岸带土地沙化、海岸带变迁、地下水污染等不良环境地质问题。

（三）矿山生产开发容易引发地质灾害

矿山开发建设引发塌陷、崩塌、滑坡、泥石流等地质灾害。在海南岛西南部的露天采坑、废矿石堆和尾矿渣的堆放地段存在地质灾害隐患，如未及时回填、治理，将引发塌陷、崩塌等地质灾害，造成人员伤亡。

（四）矿山“三废”排放造成土壤及水质污染

矿山排放的废水、废矿石堆和尾矿中渗透出的有害物质是矿山生态环境严重的污染源。矿山废水主要包括采矿酸性废水和选矿碱性废水，含大量重金属和有毒、有害元素。废矿石堆和尾矿渣中渗透的有害物质主要是铁、铜、铅、锌等重金属元素和硫、混汞、氰化物等，对人畜和农田十分有害。岛内西南部地区尚未发现由于矿山生产排放废水引起大规模、严重的水质污染现象，但尚存在废矿石堆和尾矿渣中渗透的有害物质带来的不同程度的污染，如石碌铁矿的废矿石堆对土壤和流域下游地表水造成严重污染。抱伦、二甲、土外山、抱板、不磨等金矿区，早期金矿选冶方法有机械粉碎重选、氰化法和堆浸法，氰化尾砂和堆浸废矿随地可见，致使该地区的地表水遭受一定程度混汞、含氰污水的污染，上述矿山经整顿治理后，混汞、含氰污水的污染大大减少；昌江昌化铅锌矿的废矿石堆和尾矿渣渗透的铅锌等重金属元素造成当地土壤和水质污染。水及土壤的污染进一步造成作物的污染，从而影响了作物的产量与质量，如岛内西南部地区矿区周围的部分芒果受到不同程度的污染。

（五）矿山开发对自然景观的破坏

矿山开发建设对自然景观的破坏也较为突出，主要表现在原始森林植被、地形地貌等自然景观的破坏。如尖峰饰面石材矿乱采滥挖，破坏了尖峰原始森林公园的局部自然景观。

二、典型矿山环境地质问题分析

石碌铁铜钴矿是海南省规模最大的矿山，开采历史长，开采量大，范围广，开采方式为露采，形成了大量的废石堆，对矿区及周围环境影响较大；昌化铅锌矿为已关闭近15年的老矿山，由于尚未进行矿山生态环境恢复治理，尾矿库、矿渣等对矿区周围环境影响较大；东南沿海锆钛砂矿分布范围广，开采量大，对沿海沙堤植被、海防林等破坏较为严重，生态环境趋于恶化。根据岛内矿山现状，主要研究石碌铁铜钴矿山、昌化铅锌矿山、东部沿海锆钛砂矿等典型矿山的环境地质问题。

（一）石碌铁铜钴矿

矿区位于昌江县石碌镇，标高一般为80~300m，金牛岭为矿区的最高点，标高为615.4m，石碌矿区即位于金牛岭的东北侧，矿区面积约6.0km^2，金牛岭往西北方向，地势逐渐变缓。矿区内水系较为发育，昌化江、石碌河为流经矿区的两大河流，矿区内东北流向和西北流向的小水系流入石碌河。石碌河位于矿区的北部，自东向西贯穿整个矿区，全长60km，流域总面积546km^2，其中流经矿区的长度为23km，于矿区西面的叉河镇汇入昌化江。矿区内南流的小水系向西流入昌化江。

石碌铁铜钴矿含矿地层为新元古界青白口系石碌群，是一套海相沉积经变质的以细粒碎屑岩、泥岩及镁质碳酸盐岩夹火山岩为原岩的变质岩系。矿区为一呈北西西—近东西向的复式向斜，主要的铁矿体及铜、钴矿体多赋存于石碌复式向斜的某些褶皱紧密、流动构造发育、形变强烈的地段。矿体呈似层状产出，铜矿体位于铁矿体之下，二者相距在10m以上，整个矿区空间上从下而上呈现Cu、Co→Fe、Mn组合。

石碌矿区于清乾隆年简单开采过，新中国成立前日本人曾开采过铁矿。1956年，组建海南铁矿，开始进行大规模的开采，生产规模为年生产铁矿石460.0×10^4t，现年实际生产能力为360×10^4t。近50年大规模的露天开采，在石碌地区建有两个铁矿尾矿场（2#铁矿区尾矿场和红旗铁矿尾矿场），一个铜钴矿尾矿场，新、旧两个矿渣场。

石碌铁铜钴矿区存在的生态地质环境问题主要有以下方面（图6-16）。

1. 崩塌、滑坡、泥石流及土壤侵蚀

石碌铁铜钴矿区采用露天开采，开采区内的植被已被破坏，岩石、土壤完全裸露。早期开采铁矿形成的废石、尾矿部分得到了处理，并种植植被，但近几年来，旧矿渣、2#铁矿区尾矿又重新利用，植被又再次遭受破坏；矿山开采形成数百米的人工高陡边坡，部分地段常发生崩塌、滑坡、泥石流等突发性地质灾害，在矿区开采地段，在采坑四周边坡及尾矿堆放场发育了不同规模的崩塌、滑坡、泥石流等灾害点数十处，每年暴雨期间均有不同程度的灾害发生，对矿区形成较大危害，对周围环境也造成不良影响。在主采区外，尚有非法露天开采场，采矿产生的废石随意堆放，没有得到有效处置，经由雨水冲刷大量泥土和矿渣被带入石碌河、昌化江，每次大雨过后石碌河就成为“红河”。据不完全统计矿区开发以来受到破坏的土地面积达3.51km^2。

2. 矿渣、尾矿对矿区周围环境的污染

2#铁矿区尾矿量为420.0×10^4t，于20世纪50年代启用，1985年停用，现在又对尾矿重新选矿利用，尾矿场废水排入石碌河；红旗铁矿尾矿场，1984年启用到现在，面积40.5hm^2，尾矿量385.0×10^4t，选矿废水经沉淀后排入昌化江，造成地表水污染。铜钴矿尾矿场于80年代开始堆放，尾矿到现在有190.0×10^4t，其废水通过简单的沉淀后排入石碌河。2#铁矿区尾矿场和红旗铁矿尾矿场的矿渣场相连，旧渣场已生长植被，但有部分地段现在又重新开始再回收矿石，其废水通过支流排入昌化江。新矿渣场现仍在使用。

根据石碌铁铜钴矿尾矿中有害元素含量统计分析表明（表6-12）：

1）铁矿尾矿中Hg、Cu、As等有害元素含量较高，其中Hg最高达1787μg/kg，Cu最高为1000mg/kg，As最高为69.86mg/kg。

2）铁矿尾矿随风化强度增加，Hg、Cu、As含量随之增高，如2#尾矿场，上部强风化层中（C27-1样品）中Hg、Cu、As等含量明显高于下部弱风化层（C27-2样品），说明铁矿尾矿在风化过程中有害元素富集，对环境的影响加剧。

3）铜钴矿尾矿中Hg、Cu、Cd、Pb、As等有害元素含量都较高。

尾矿的上述特征表明，铁矿、铜钴矿的尾矿若得不到有效的处理，将会对生态环境造成严重污染，本区域水、土壤、水系沉积物的污染现状就是很明显的例证，并且随着时间的推移污染强度将会增大。

3. 土壤污染

根据不同地区土壤有害元素含量统计结果分析（表6-13），以石碌、昌化为重点的昌江地区的土壤，无论花岗岩类土壤还是砂页岩类土壤，其As、Pb、Cd、Cu、Cr、Co、Ni等有害元素的含量及其有效态含量都高于岛内的其他地区，如Cu含量，昌江地区花岗岩类土壤中最高达670mg/kg，平均60.587mg/kg，其他地区花岗岩类土壤平均为23.76 mg/kg，说明昌江地区土壤和水系沉积物中受到Pb、Hg、Cr、Hg、Cr等重金属污染。

石碌矿区内，铁铜钴矿的赋矿层位为石碌群，土壤中Co、Cr、Cu、As、Hg等的含量明显高于花岗岩及砂页岩类土壤，说明该矿山开发对土壤形成污染外，石碌群本身也存在“原生污染”。

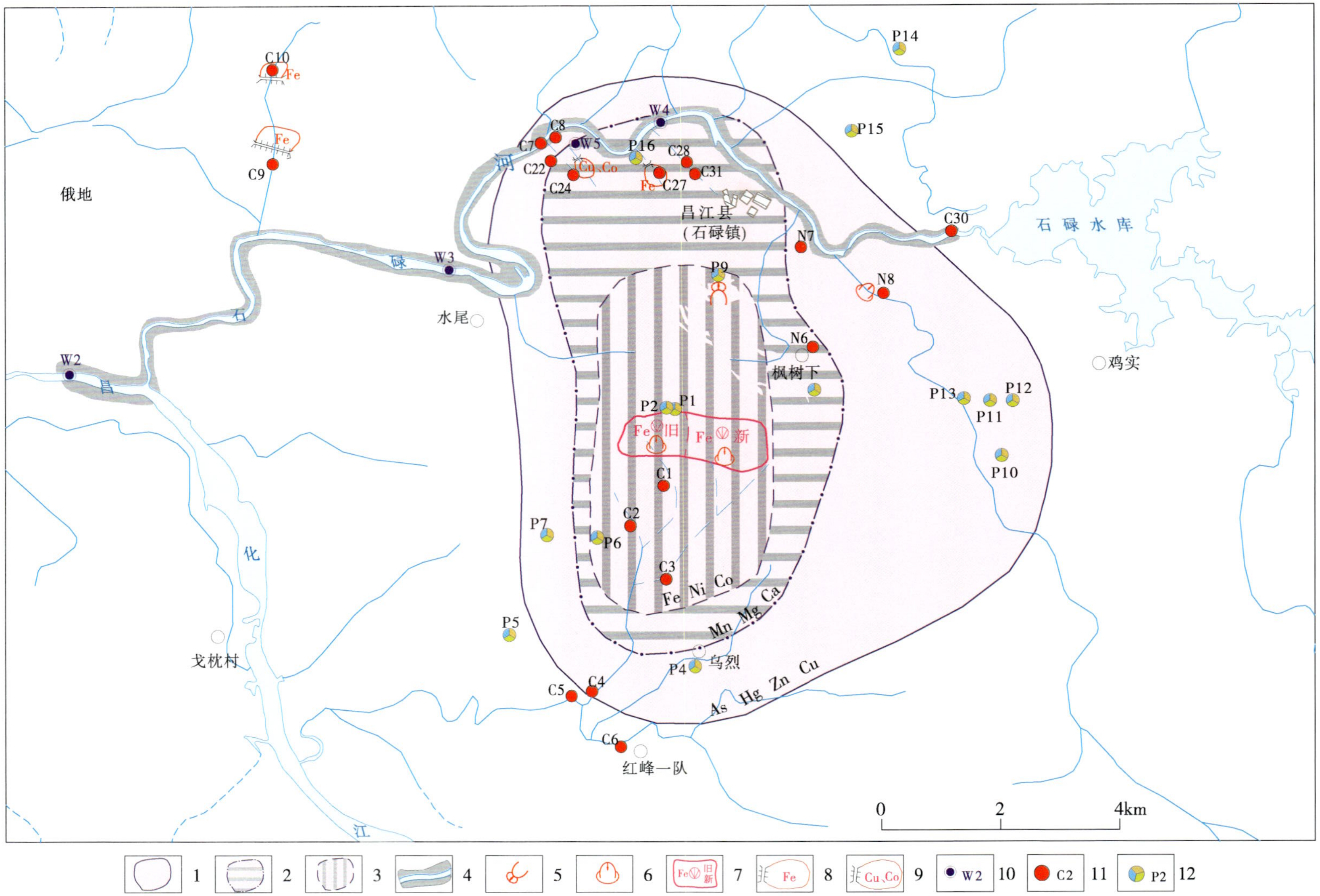

图 6-16　昌江石碌地区矿山环境地质图

1—水系沉积物 As Hg Zn Cu 综合异常区；2—水系沉积物 Mn Mg Ca 综合异常区；3—水系沉积物 Fe Ni Co 综合异常区；4—地表水污染区；5—滑坡群；6—崩塌群；7—铁矿矿渣场（旧新）；8—铁矿尾矿场；9—铜、钴矿尾矿场；10—水样采样点及编号；11—水系沉积物采样点及编号；12—土壤采样点及编号

表 6-12　石碌铁铜钴矿尾矿有害元素含量

样号	采样地点	Hg	Mn	Fe	Cu	Cd	Pb	Zn	As	Cr	Co	Ni
C10-2	红旗老铁矿尾矿场	1787.01	0.21		310	0.19	78.2	37.0	66.88	20.0	38.7	22.1
C11-1	红旗新铁尾矿场	106.83	0.15		72	0.10	62.3	38.5	61.50	15.0	7.1	3.1
C11-2	红旗新铁尾矿场	78.13	0.22		54	0.21	80.4	90.0	43.03	60.0	7.7	<0.48
C27-1	2#铁矿尾矿场	436.61	0.21		1000	0.44	82.7	108.5	69.86	40.0	39.6	29.0
C27-2	2#铁矿尾矿场	100.86	0.12		100	0.17	69.1	216.5	55.81	80.0	8.0	7.1
C24-2	铜钴尾矿场	2348.26	0.11		480	1.59	94.0	114.0	65.30	20.0	220.8	151.4
《土壤环境质量标准》（GB 15618—2018）	一级	150			≤35	≤0.2	≤35	≤100	≤15	≤90		
	二级	500			农田≤100、果园≤200	≤0.3	≤300	≤250	水田≤25、旱地≤30	水田≤300、旱地≤200		
	三级	1500				≤1.0	≤500	≤500	水田≤30、旱地≤40	水田≤400、旱地≤300		

注：Hg 含量单位为 μg/kg；Mn、Fe 为%；其他为 mg/kg。

表 6-13　不同地区土壤有害元素含量统计

参数			Hg		Cu		Co		Ni		Cr		As		Pb		Cd	
			昌江	其他地区	昌江	其他地区	昌江	其他地区	昌江	其他地区	昌江	其他地区	昌江	其他地区	昌江	其他地区	昌江	其他地区
花岗岩类土壤	总量	最大值	116.216	61.27	670.00	75.00	23.30	9.40	20.30	14.60	218.00	153.00	42.36	5.42	381.9	66.80	0.11	0.14
		最小值	24.4	37.306	3.00	8.00	3.60	3.60	3.10	4.80	8.20	27.40	1.32	1.62	30.60	30.40	0.078	0.066
		平均值	53.377	49.413	60.587	23.78	6.473	4.98	6.94	9.18	66.84	82.96	10.985	3.35	73.52	42.04	0.092	0.103
		测区平均值	51		53.932		6.184		7.579		73.879		9.484		49.005		0.096	
	有效态	最大值	5.92	2.98	139.76	1.73	1.53	1.11	0.96	1.14	0.25	0.20	0.20	0.04	149.5	13.70	460.00	59.14
		最小值	0.498	<0.4	0.42	0.53	0.11	0.11	0.39	<0.39	0.10	<0.1	0.01	<0.01	1.50	1.62	4.24	10.00
		平均值	2.681	1.818	11.683	1.206	0.448	0.428	0.487	0.546	0.13	0.14	0.052	0.0188	18.554	6.488	58.608	24.99
		测区平均值	2.360		8.916		0.415		0.639		0.193		0.049		8.487		28.635	
砂页岩类土壤	总量	最大值	133.85	44.11	75.50	254.60	39.90	19.10	92.80	30.70	239.00	130.40	105.27	97.27	625.80	37.40	0.18	0.06
		最小值	41.69	18.01	20.00	55.00	6.20	5.00	7.70	7.10	31.60	17.10	37.98	2.17	28.30	23.90	0.18	0.06
		平均值	75.546	29.663	39.593	115.40	14.727	8.925	25.113	13.175	90.793	71.95	58.786	34.323	81.473	31.775	0.18	0.06
		测区平均值	66		55.553						86.826		53.659		71.011		0.141	
	有效态	最大值	3.638	3.26	5.37	4.99	2.91	1.80	4.10	1.79	0.28	0.40	0.18	0.03	4.32	4.50	104.71	100.60
		最小值	0.538	<0.4	1.10	0.86	0.19	<0.22	0.42	0.18	0.10	<0.1	0.10	<0.01	0.80	1.20	12.98	0.80
		平均值	1.641	1.805	2.611	3.478	1.011	0.626	1.047	0.618	0.132	0.172	0.035	0.017	2.641	3.128	42.465	30.08
		测区平均值	1.736		2.586						0.154		0.038		2.672		41.399	

注：Hg 含量单位为 μg/kg；其他元素为 mg/kg；元素有效态含量单位为 μg/kg。

4. 水系沉积物污染

20 世纪 80 年代末期，海南岛 1∶20 万水系沉积物测量各元素的异常特征说明，在地质时期，由于风化与水流的搬运，在水系沉积物中已形成 As、Hg 等元素的富集地段（次生晕异常区），其物质来源一为富矿层位及其风化层，二为当时已堆积的矿渣和尾矿。在石碌铁铜钴矿周围发现了面积达 $70km^2$ 的综合异常区，该异常区元素组合复杂，主要有 As、Hg、Cu、Mn、Fe、Co、Ni、Cd 等，异常浓集中心明显（表 6-14），并与已知矿体相吻合，说明矿区下游水系沉积物受到污染（表 6-15）。

表 6-14　石碌铁铜钴矿区水系沉积物有害元素含量

样品	采样地点	Hg	Mn	Fe	Cu	Cd	Pb	Zn	As	Cr	Co	Ni
C31	钢铁厂炼钢水出口处	382.31	0.084	35.75	72	0.39	75.9	198.5	31.05	30.0	10.5	4.3
C32	钢铁厂炼钢水上游	226.53	0.084	35.24	69	1.30	64.6	56.5	30.50	20.0	9.7	5.4
C29	铜钴矿尾矿坝下游	103.02	0.078	8.26	183	0.28	48.7	55.5	29.23	15.0	10.5	8.3
C8	铜钴矿坝溢流井下游	54.37	0.023	1.78	40	0.16	51.0	35.5	15.87	5.0	5.4	4.8
C28	铜钴矿下游与石碌河交汇处	194.60	0.11	12.30	501	0.62	85.0	441.5	37.12	30.0	13.1	10.6
C9	红旗尾矿坝下游	75.66	0.33	5.67	17	0.28	48.7	29.0	26.26	10.0	7.1	5.4
C12	红旗尾矿坝下游与石碌河交汇处	48.04	0.059	1.95	42	1.41	121.2	161.0	32.38	12.0	5.4	5.4
C1	铁矿场老矿渣场下游	4257.38	0.11	12.81	680	0.50	94.0	106.5	95.57	7.5	161.0	65.8
C2	铁矿老矿渣场下游水沟	2478.40	0.028	5.86	170	0.28	48.7	43.5	61.70	15.0	38.7	20.9
C3	文昌芒果园	90.22	0.058	2.57	41	0.50	32.9	25.5	32.26	10.0	8.8	7.1
C4	第一桥头	819.89	0.045	2.84	91	0.28	39.6	31.0	30.05	12.0	24.2	11.7
C5	水流交汇下游	898.20	0.045	3.58	110	0.05	44.2	49.0	26.87	15.0	28.5	13.4
C6	第三桥头	47.96	0.015	1.31	22	0.05	39.6	86.5	15.56	100.0	3.7	5.4
平 均		744.3523	0.082231	9.993846	156.7692	0.469231	61.08462	101.5	35.71692	21.6539	25.1231	12.9615

注：Hg 含量单位为 μg/kg；Mn、Fe 为%；其他元素为 mg/kg。

表 6-15　石碌地区水系沉积物主要元素异常特征

指标	As	Hg	Zn	Cu	Ni	Co	Mn	Cd
面积/km^2	68	16	4	32	8	20	52	24
最高值/($mg \cdot kg^{-1}$)	90	3.889	141.6	1762.0	65.7	126.4	2830	0.554
平均值/($mg \cdot kg^{-1}$)	41.4	1.744	—	555.4	58.4	66.4	1618.2	0.354

5. 矿区地表水污染

根据矿区地表水水质的系统研究分析结果，铜钴矿尾矿渗出水中的 Mn、Fe、Cu、Pb、Zn 等含量均超过生活饮用水标准，大部分元素含量也超过农田灌溉用水标准；矿区上游的石碌水库出口处的水除 Fe、CN^- 含量超过国家饮用水标准外，其他有害元素含量均符合饮用水标准；矿区范围内的地表水除 Fe、Mn 含量超标外，Zn、Cr、Cu 等有害元素与矿区上游相比，其含量也明显增高，说明矿区地表水受到一定污染（表 6-16）。

表 6-16 石碌铁铜钴矿区水分析结果

类型	样号	采样地点	化学成分/（mg · L^{-1}）																	pH 值	导电率（μS · cm^{-1}）	化学好氧量	内梅罗指数（I）
			Hg	Mn	Fe	Cu	Cd	Pb	Zn	As	Cr	Co	Ni	CN	H_2S	总 P	硫酸盐（以 SO_4^{2-} 计）	硝酸盐（以 N 计）	氨氮（以 HN_3-N 计）				
地表水	C30	石碌水库排出口处	<0.0005	0.073	0.4	<0.01	<0.002	<0.01	0.033	<0.005	0.006	<0.02	<0.02	0.073		<0.02	<0.6	0.25	0.3	8.02	220	2.00	0.984
地表水	C31	钢铁公司炼钢厂出口	<0.0005	2.33	0.16	<0.01	<0.002	0.052	13.6	<0.005	0.08	<0.02	<0.02			0.03	60	4.83	0.3	7.49	470	3.08	16.702
地表水	C27	铁矿尾矿坝下游出口	<0.0005	3.69	1.4	<0.01	<0.002	<0.01	0.034	<0.005	0.02	<0.02	<0.02			<0.01	240	0.76	0.3	7.85	1200	3.23	26.349
地表水	C7	铜钴矿溢流井下游出口	<0.0005	0.108	0.9	0.025	<0.002	<0.01	0.038	0.0080	0.01	<0.02	<0.02	0.004	0.037	<0.01	220	0.81	<0.02	8.07	1200	2.61	2.362
地表水	C28	铜钴矿溢洪井流入石碌河下游约 30m 处	<0.0005	0.297	1.5	0.017	<0.002	<0.01	0.0847	<0.005	0.006	<0.02	<0.02	0.002	0.11	0.1	68	2.6	0.1	8.11	390	2.46	3.602
地表水	C9	红旗尾矿坝下游排出口处	<0.0005	0.187	0.4	<0.01	<0.002	<0.01	0.029	<0.005	0.02	<0.02	<0.02			<0.01	60	0.5	0.2	7.96	3.10	2.46	1.364
地表水	C1	老铁矿矿渣堆放厂下游	<0.0005	1.0	0.7	0.0424	<0.002	<0.01	0.035	<0.005	0.01	0.053	<0.02			<0.01	1140	0.22	0.1	7.65	2400	2.61	7.244
地表水	C3	文昌芒果园	<0.0005	0.152	0.26	<0.01	<0.002	<0.01	0.043	<0.005	0.02	<0.02	<0.02	<0.02	0.073	<0.01	1220	8.00	<0.02	7.76	2600	2.92	5.148
地表水	W4	石碌河炼钢厂上游	<0.0005	0.129	0.1	<0.01	<0.002	<0.01	<0.01	<0.005	<0.004	<0.02	<0.02			0.03	20.0	1.65	0.3	7.76	240	1.67	1.345
地表水	W3	石碌河水泥厂下游	<0.0005	0.104	<0.02	<0.01	<0.002	<0.01	<0.01	<0.005	<0.004	<0.02	<0.01			0.23	30.0	1.41	<0.02	7.85	251	1.46	0.897
地表水	W2	石碌河与昌化江交汇处下游	<0.0005	0.02	<0.02	<0.01	<0.002	<0.01	<0.01	<0.005	<0.004	<0.02	<0.01			0.1	<5	0.44	<0.02	7.94	110	1.46	0.387
地下水	W5	铜钴尾矿坝下游	<0.0005	8.85	<0.02	<0.1	<0.02	<0.01	<0.01	<0.005	<0.004	<0.02	<0.01			0.20	250	1.5	1.5	7.15	1512	1.77	63.315
尾矿库渗水	C25	铜钴尾矿库渗水区	<0.0005	19.3	18	2.74	0.002	1.781	26.5	0.009	<0.004	0.39	0.86			<0.01	1900	45.77	<0.02	7.13	3400	3.08	137.759
《生活饮用水卫生标准》（GB 5749—2022）			<0.001	<0.1	≤0.3	≤1.0	≤0.01	≤0.05	≤1.0	≤0.05	≤0.05			≤0.05									
《地表水环境质量标准》（GB 3838—2021）（三级）			≤0.0001	<0.1	<0.3	≤1.0	≤0.005	≤0.05	≤1.0	≤0.05	≤0.05	0.1 *	0.14 *	≤0.2	≤0.05	<0.2	250	10	≤1.0		370 *	20	

* 为美国水质标准。

为比较矿各区段水质的污染程度，采用国内外应用比较广的内梅罗污染指数法对矿区地表水进行了水质评价。该方法的数学模型为：

$$I=\sqrt{\frac{(\mathrm{Max}I_i)^2+(\frac{1}{n}\sum_{i=1}^{n}I_i)^2}{2}}$$

式中：I 为水样品的环境质量内梅罗指数；I_i 为某一种污染物因子指数，$I_i=C_i/S_i$，C_i 为第 i 种污染物在水中的含量，S_i 为第 i 种污染物的评价标准，本次工作采用《地表水环境质量标准》（GB 3838—2021）中的三级标准，三级标准主要适用于集中式生活用水水源地二级保护区、一般鱼类保护区及游泳区；$\mathrm{Max}I_i$ 为各单因子指数中最大的单因子数；n 为多因子数。

根据水环境质量内梅罗指数和内梅罗环境质量分级标准（表6-17），矿区地表水均受到不同程度的污染，其中铜钴尾矿渗水、炼钢厂排出水、铁矿老矿渣场下游水、铁矿尾矿场厂下游排出水等严重污染；矿区内的重要河流石碌河水质受到污染，在矿区上游段为轻度污染（C30 样品）至中度污染（W4 样品），矿区段（C28 样品）为重污染，矿区下游段水质较好（W3 样品）。矿区地下水受到较严重污染。

表 6-17　内梅罗环境质量分级表

级别	指数范围	分级依据
清洁	$I\leqslant 0.9$	各参数都符合标准
轻污染	$0.9<I\leqslant 1.4$	个别参数略微超过标准
中污染	$1.4<I\leqslant 2.5$	个别参数超过标准 1 倍以上或者 2~3 项超标但不严重
重污染	$2.5<I\leqslant 10$	相当一部分参数超标或个别参数超标在 4~5 倍以上
严重污染	>10	相当一部分参数超标数倍或几十倍、上百倍

（二）昌化铅锌矿

昌化铅锌矿位于昌江县昌化港东约 2km 处。区内标高一般为 10~100m，东北部的昌化大岭为本区的最高点，标高为 418m，昌化大岭往东面和北面逐渐向海岸带过渡。矿区南部的溪流流入昌化江，昌化江由东向西北流经矿区，在矿区范围长约 12km。

矿区出露晚白垩世黑云母钾长花岗岩，含石英矿脉填充于花岗岩北北东向和北北西向两组断裂带中，共有 10 条矿脉，其中主要矿脉 3 条，产状与断裂带一致，倾角 65°~80°，长度大于 464~1707m，宽 0.1~7m。矿体平均品位 Pb 1.08%~7.20%，Zn 0.74%~18.70%，Cu 0.21%~0.36%，Cd 0.08%，铅精矿含 Au $8\times10^{-6}\sim12\times10^{-6}$、Ag $200\times10^{-6}\sim1000\times10^{-6}$。矿石矿物有方铅矿、闪锌矿、黄铜矿、斑铜矿等，脉石矿物以石英为主，其次为重晶石、方解石等。累计探明储量 Pb 16600t、Zn 17500t、伴生 Au 40000t、Cu 618t。

清末民国初期曾有法国人和日本人开采过该矿，1959 年组建国营昌化铅锌矿，采用两段闭路破碎、一段磨矿优先综选生产流程选矿，矿山于 1991 年因资源枯竭关闭。

昌化铅锌矿关闭后，留下的尾矿场，体积达 $50.0\times10^4\ m^3$。尾矿中 Pb、Zn、Cu、Cd、Hg 等有害元素的含量较高（表 6-18），Pb、Zn、Cd 等有害元素的离子交换态和碳酸盐结合含量较高（表 6-19）且易于释放，对环境造成污染。尾矿表层的黄土覆盖层近几年受到破坏，尾矿在风和雨水作用下四处扩散，对周围水环境、土壤环境形成潜在威胁，并已构成明显污染。经对矿区周围土壤、水系沉积物、地表水的污染调查结果，说明矿床开发及尾矿利用对周围环境已形成明显污染（照片 6-13）。

表 6-18　昌化铅锌矿尾矿、土壤、水系沉积物分析结果

类型	样号	Hg	Mn	Fe	Cu	Cd	Pb	Zn	As	Cr	Co	Ni
尾矿	C14-1	61.30	1.30		320	50.2	4263.5	17.005	7.33	140.0	5.4	8.3
	C15-1	481	1.76		304.65	66.89	11107.2	6992.08	1.99	111.32	4.47	0.66
	C15-3	57.71	0.93		190	34.1	1232.2	138.0	5.95	5.0	4.5	6.6
土壤	C13-1	51.41	0.029	2.06	14		82.7	82.0	4.64	8.2	3.7	5.4
	C18-1	74.02	0.036	1.34	15		137.1	143.5	1.68	136.9	3.7	6.0
	P21-1	29.28	0.055	1.38	30		381.9	379.0	1.3	13.7	4.5	6.0
	P21-2	20.50	0.044	2.16	20		57.8	205.5	4.42	27.4	5.4	8.3
	P22-1	24.40	0.054	1.52	15		37.4	52.0	3.05	17.1	7.1	7.1
水系沉积物	C17	12.1	0.032	1.43	16	0.73	46.5	64.5	3.30	10.0	3.7	4.8
	C16	14.9	1254.54		48.16	8.11	1198.21	1156.14	0.54	19.95	3.45	0.45
	C19	57.74	1129.54		112.69	28.27	2569.86	2849.8	1.75	33.94	6.63	0.8
	C20	28.39	0.018	2.42	29	4.48	48.7	820	11.78	30.0	6.20	9.4
《土壤环境质量标准》（GB 15618—2018）	一级	≤150			≤35	≤0.2	≤35	≤100	≤15	≤90		
	二级	≤150			农田≤100 果园≤200	≤0.3	≤300	≤250	水田≤25 旱地≤30	水田≤300 旱地≤200		
	三级	≤150			≤400	≤1.0	≤500	≤500	水田≤30 旱地≤40	水田≤400 旱地≤300		

注：Hg 含量单位为 μg/kg；Mn、Fe 为%；其他为 mg/kg。

矿区周围土壤受到一定重金属污染。矿区尾矿场西南部地势较低的地区，土壤中 Pb、Zn、Cr 含量（表 6－18 中 C18－1、C21－1、C21-2 样品）较高，最高含量分别达 381.9mg/kg、379mg/kg、136.9mg/kg，超过《土壤环境质量标准》一级值（见表 6-18）。

矿区水系上游的水系沉积物（表 6-18 中 C17 样品）未受到污染，其 Pb、Zn、Cu、Cd、Cr 重金属元素含量较低，靠近矿区水系下游的水系沉积物（表 6-18 中 C16、C19 样品）Pb、Zn、Cu、Cd、Cr、Hg 含量很高，受到的污染较为严重，而远距矿区水系下游的水系沉积物（表 6-18 中 C20 样品）污染程度较低。

矿区周围地表水受到重金属污染，Zn、Cd、Cr、Fe、Mn 含量超过生活饮用水标准，Zn 超过农田灌溉用水标准（表 6-20），而地表水是该区的主要农业用水。

矿区作物受到一定的重金属污染，如该区芒果叶子中 Pb 含量为 5.6mg/kg，高于海南西南部地区芒果叶子的平均值 3.175mg/kg。

照片 6-13　昌江县昌化铅锌矿尾矿库现状

表 6-19　尾矿有害元素存在状态

因素	离子交换态	碳酸盐结合态	铁锰氧化态	强有机结合态	残渣态	合　计
Pb	481.7	3240.0	7104.0	159.2	122.3	11107.2
Zn	70.98	465.6	2959.0	3369.0	127.5	6992.08
Cu	＜0.3	38.83	97.31	147.4	21.11	304.65
Hg	＜2.00	＜2.00	20.34	230.14	514.47	764.95
As	＜0.1	＜0.10	0.10	0.88	1.01	1.99
Cd	3.69	5.27	18.9	37.74	1.29	66.89
Cr	＜0.50	21.03	48.60	19.95	21.74	111.32

注：Hg 含量单位为 μg/kg；其他为 mg/kg。

表 6-20　昌化铅锌矿区地表水分析结果　　单位：mg/L

类型	样号	Hg	Mn	Fe	Cu	Cd	Pb	Zn	As	Cr	Co	Ni
地表水	C16	<0.0005	11.3	0.36	0.0694	0.035	0.018	40.8	<0.005	0.02	<0.02	<0.02
	C19	<0.0005	12.4	0.2	0.015	0.006	0.025	11.5	<0.005	0.01	<0.02	<0.02
《生活饮用水卫生标准》（GB 5749—2022）		≤0.001	≤0.1	≤0.3	≤1.0	≤0.01	≤0.05	≤0.1	≤0.05	≤0.05		
《农田灌溉水质标准》（GB 5084—2021）	水作	≤0.001			≤1.0	≤0.005	≤0.1	≤2.0	≤0.05	≤0.1		
	旱作	≤0.001			≤1.0	≤0.005	≤0.1	≤2.0	≤0.1	≤0.1		
	蔬菜	≤0.001			≤1.0	≤0.005	≤0.1	≤2.0	≤0.05	≤0.1		

（三）东部沿海锆钛砂矿

海南岛锆钛砂矿开采区（包括文昌铺前新阜海、锦山、五龙港，琼海南港，万宁保定、乌场等矿区）主要分布于东部沿海沙堤、沙地。地貌上属海成一、二级阶地和古潟湖沉积区，标高一般为2.5~18m。主要为第四系烟墩组和混合相堆积物，岩性主要为灰白—灰黑色贝壳碎屑砂、中粗砂、中细砂、粉细砂、砂质黏土等。矿体主要埋藏于上述地层中，呈水平层状或似层状产出，矿体厚度一般3~20m，大部分直接裸露地表。20世纪80年代以来东部沿海锆钛砂矿区均进行过大规模的开采，部分矿段甚至被翻过几遍。锆钛砂矿的开采主要采用露天开采，选矿采用重选。矿体开采直接由地表开挖到矿体底板，整个矿体相当于翻转一遍。选矿后尾矿砂直接堆积原地，部分形成小沙丘。采用上述方式进行采选，给沿海地区的生态环境造成了较大影响，存在的生态地质环境问题主要有以下几方面。

1. 破坏耕地植被

矿山开挖范围耕地植被全部被破坏，周边地区的植被也遭受不同程度的破坏。部分民采区或偷采区无序开采，也造成耕地植被严重破坏。开采后尾矿随意堆放，部分形成小沙丘，没有及时复垦，在风力和水力作用下尾矿四周扩散，填埋周围耕地及植被。据不完全统计，仅万宁东澳因开采锆钛砂矿毁坏的农田、海防林面积达23.1km^2。

2. 土地沙化

由于锆钛砂矿的开采方式为露天开采，直接开挖矿体，破坏耕植土层，使耕植土层中的有机质、粉土、黏土等遭受破坏，土层结构松散，颗粒间无黏聚力，土壤肥力降低，植物或作物难以生长。选矿后尾矿砂随意堆放成小山丘，在地表水流、降雨形成的面流和风力作用下，大量泥沙四处扩散堆积于附近的低洼地和农田，常淹埋农田，造成作物减产，矿区内土壤侵蚀和土地沙化现象较为严重。如万宁保定矿区由于在沙堤上开采锆钛砂矿，造成土地沙化区面积约1.5km^2，沙丘掩埋村庄、农田，对村民生活、生产影响较大（照片6-14，照片6-15）。

照片6-14　万宁保定矿区现状

照片6-15　万宁保定矿区沙丘向村庄迁移

第七章　生态地质环境质量评价与趋势预测

海南岛生态地质环境质量评价综合了海南岛东北部和西南部的研究成果，在统一评价体系、评价方法的前提下，选取合适的评价因子，开展全岛生态地质环境质量评价。

第一节　生态地质环境质量评价体系的建立

评价体系是评价工作的基础，在综合研究评价要素和因子的基础上，确定总体评价体系、方法、要求。根据评价方法，确定评价要素和评价因子所占的权重，划分评价单元，并对各单元要素和因子进行赋值，计算各单元值。根据计算结果，进行生态地质环境质量评价。

一、生态地质环境质量评价原理

生态地质环境质量是综合反映地质环境状况优劣的重要指标，由各种生态、气候、岩石、地质环境等因素构成，各种因素在生态地质环境中的作用是相互制约和有机统一的，其作用方式十分复杂。根据海南岛地质环境特征，把生态地质环境设为一个系统，由要素和因子两个层次组成。生态地质环境评价方法是：分析区内影响生态地质环境质量的主要因素，确定评价要素及各要素的评价因子；将生态地质环境质量划分为优、良、中、差 4 个等级，各参评要素的各个因子也相应按其质量等级划分为优、良、中、差 4 个等级，并给出各等级的指标基准值；利用专家重要性打分法确定各要素和因子的权值；建立评价系统和数学模型，利用数学模型由因子计算出要素的评价值，再由评价值计算出生态地质环境的质量值，并据此判定生态地质环境质量的优劣。

二、评价工作流程

根据评价工作要求，确定其工作流程（图 7-1）：划分评价单元、赋值、计算质量指数、质量等级分区、综合评价。

三、生态地质环境质量评价系统

根据海南岛的地质环境特征，确定评价要素有气候、地质环境条件、环境地质问题（地质灾害）、土地资源、植被条件、人类活动等 6 个子系统和多个评价因子，按其主次及相关性建立评价系统网络（图 7-2）。

第二节　评 价 方 法

一、评价单元划分

根据工作精度要求，评价单元按坐标网格进行划分，单元面积为 $5km\times5km=25km^2$。将全岛划分为 1508 个单元格，完全能够满足 1∶25 万精度要求。

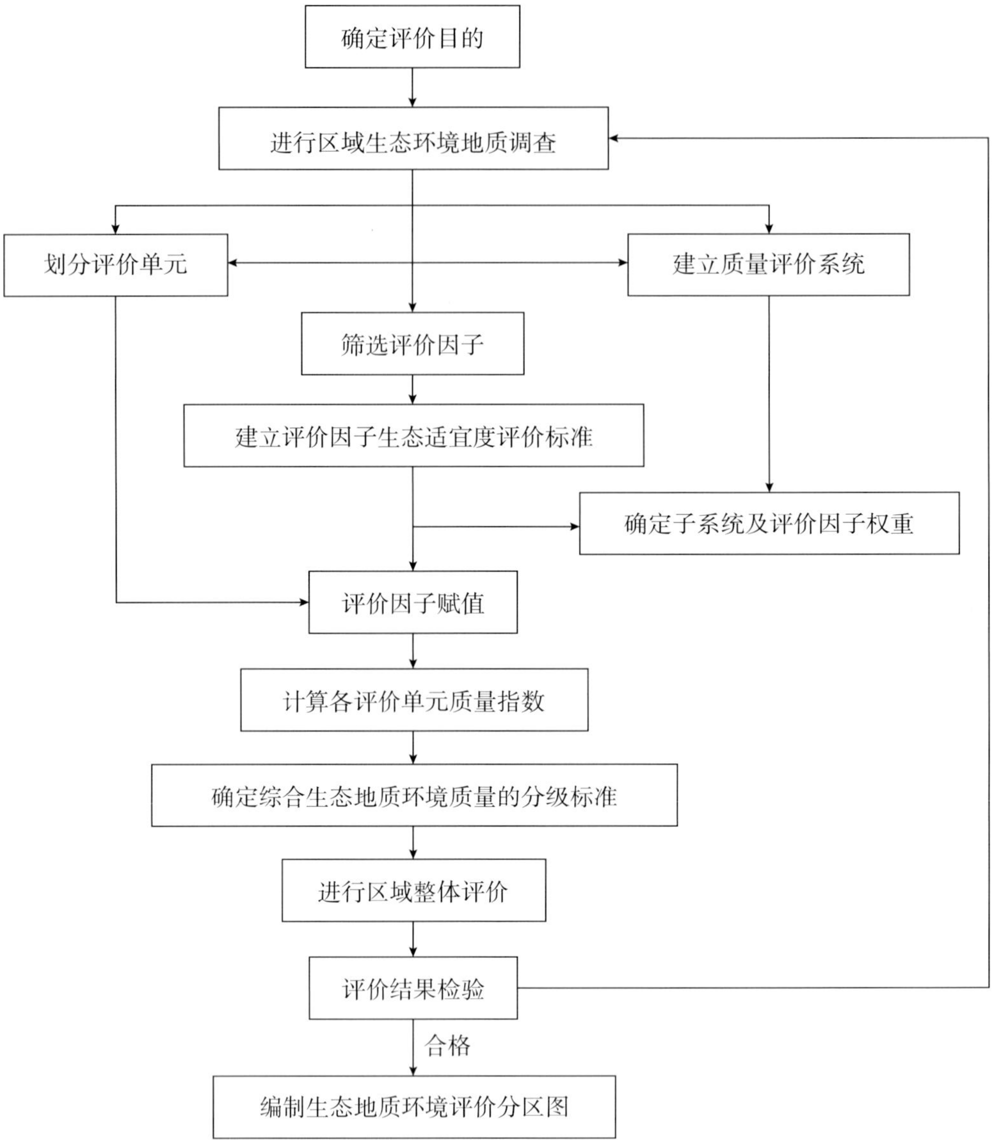

图 7-1　生态地质环境质量综合评价程序框图

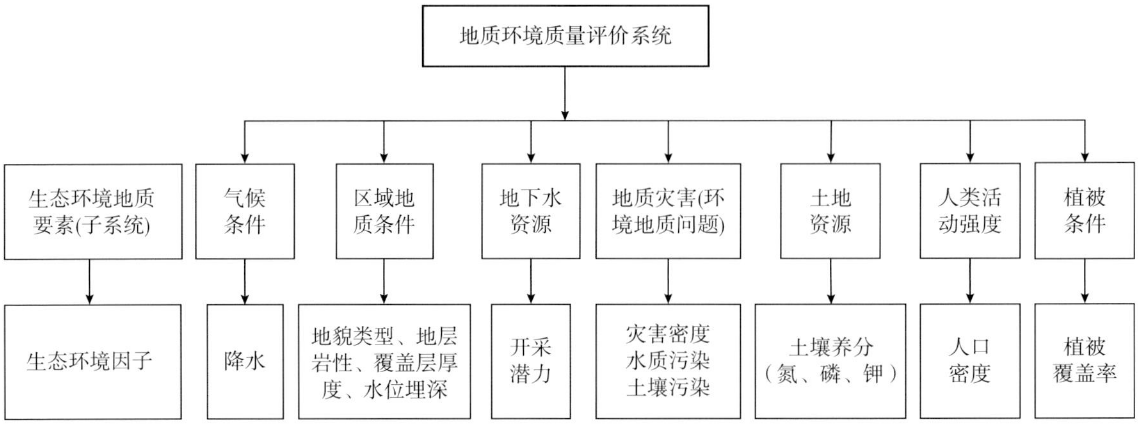

图 7-2　生态地质环境质量综合评价系统网络图

二、生态地质环境质量评价因子的筛选

根据资料综合研究结果，评价因子的筛选原则主要有两点：一是所选择的评价因子对生态具有较显著的影响，二是所选择的评价因子在各单元网格的分布具有较显著的差异性。

海南岛内土地功能区划复杂多变，有城市、农村、水田、林地、荒地、湿地等，从功能评价的角度，无法统一。研究工作精度属于区域性的评价工作，主要侧重于是否有利于自然生态地质环境的良性循环、是否有利于人类生存发展、是否有利于生态地质环境的保护与发展等作为生态地质环境质量评价的目的，各影响因素也是根据此目的来取舍。

根据不同地区生态地质环境条件分析及对比研究结果，影响生态地质环境质量的主要因素有气候条件、区域地质条件、地下水资源、环境地质问题（地质灾害）、土地资源、植被条件、人类活动强度等。

气候条件中太阳辐射、日照、气温、积温、降水、风等因素是影响生态环境质量的基本条件。根据研究结果，在海南岛内，太阳辐射、日照、气温、积温、风等因素的平均值比较接近，对生态的差异性影响不明显，不宜选作评价因子。降水量在海南岛西部、南部、东部、中部及北部表现出明显的差异性，西部东方年均降水量 956.6mm，中部琼中平均降水量 2389mm，两地相差近 1400mm。因此，选用降水量作为气候条件的评价因子。

区域地质条件是生态地质环境质量的评价主体，其影响是多方面的，有地形地貌、地层岩性、地质构造、地下水条件、土层厚度等，在区内也表现出对生态环境的明显差异性影响，地形地貌主控了人居环境与生态单元的分布；地层岩性是土壤的母质，同时也是植被生长的载体，因此，选用地形地貌，地层岩性作为评价因子。

地质灾害是反映生态地质环境质量恶化的一个主要因素，海南岛内发育有崩塌、滑坡、泥石流、土地沙化、土壤侵蚀、水质污染、土壤污染、海岸带变迁、矿山灾害等灾害类型，经综合分析研究，选用环境地质问题（地质灾害）发育密度及危害程度作为地质环境质量评价的因子。

土地资源包含了土地类型与分布、土地利用现状、土壤养分、土壤宜种性、土壤开发潜力等多方面的内容，由于海南岛内土壤调查的工作精度不一，东北部地区工作精度较高，而西南部地区工作精度低，仅限于局部的土壤调查，因此，西南部地区以收集农业部门土壤普查的成果资料为主，主要选用土壤养分作为土地资源条件的评价因子。

生态建设规划中，森林覆盖率是一个较简单，并直观反映生态环境质量的重要指标，森林覆盖率的高低，反映了生态地质环境质量的优劣。因此，选用森林覆盖率作为植被条件的评价指标。

人类活动对生态环境的影响是多方面的，如城镇建设、重大工程活动、矿山开采等等均与人类生产、生活及经济活动密切相关，由于限于工作的精度及评价的复杂性，选用人口密度作为人类活动对生态环境影响评价的综合评价因子。经综合分析研究结果，在区域范围内人口密度与人类活动呈正相关关系，这一评价因子，也可以间接反映了人类活动强度。

根据综合分析研究，上述所选定的评价因子与环境或各因子之间存在着协调与制约的关系，可组成一个较为完整的评价系统。

三、评价因子分级标准及赋值

根据不同评价因子对生态地质环境质量的影响程度的分析研究结果，将各评价因子划分为优、良、中、差 4 级标准。4 级标准的划分原则主要是考虑是否有利于自然生态环境的良性循环、是否有利于人类生存发展，各评价因子对生态环境质量的正面影响越大，为优，反之，则为差，中间为良、中 2 个等级。综合参考农业部门、林业部门、地质部门、环保部门等对各评价因子的定量规

定，确定优、良、中、差的分级界限；无定量指标者，则根据实际调查成果，提出指标的定量规定及说明。

优等级赋值 1、良好等级赋值 3、中等级赋值 5、差等级赋 7，赋值目的是以数值量化指标，给 4 级标准赋予定量的评价（图 7-3）。

（一）气候条件评价因子

以降水量作为评价因子。海南岛属热带海洋季风气候，整体上降水量充沛，但降水量区域上分布不均匀，年平均降水量区间值在 956～2389mm 之间，根据年降水量、干燥度、旱季长短，气候分为湿润、半湿润、半干旱类型，以市（县）为划分单位，气候干湿类型分布见表 7-1。

表 7-1　海南岛气候干湿类型分布

分布地区	干湿类型	年降水量/mm	干燥度	月降水量<50mm 的月数/个
万宁、琼中、保亭、定安、屯昌、琼海	湿润	1600～2000	0.7～0.85	3～4
儋州、白沙、昌江、乐东、五指山、陵水、澄迈、临高、海口、文昌	半湿润	1200～1600	0.85～1.2	4～5
东方、三亚	半干旱	<1200	>1.2	>6

注：干燥度、月降水量<50mm 的月数引自海南省农业厅土肥站，1993。

气候条件根据干湿类型分为 3 个级差，湿润型气候因子等级为优，赋值 1；半湿润型气候因子等级为良，赋值 3；半干旱型气候因子等级为中，赋值 5；海南岛内无差等级。

（二）区域地质条件评价因子

1. 地形地貌评价因子（X_1）

海南岛地貌划分为中低山、丘陵、山前剥蚀平原、火山岩台地、河流冲积平原、滨海堆积平原 6 级地貌分区，根据农业、林业宜种区划标准，坡度>25°区为禁止开垦区，对照海南岛地貌，把中低山区划为禁止开垦区，作为不利于人类生存与发展的生态地质环境，评价因子等级差，赋值 7；15°～25°的坡度区，对照地貌为丘陵区，宜种条件一般，评价因子等级中等，赋值 5；小于 15°坡度区对照地貌为火山岩台地、山前剥蚀平原、河流冲积平原和滨海堆积平原，其中火山岩台地、山前剥蚀平原略有起伏，可以合并为同一等级的评价因子，其等级为良，赋值 3；河流和滨海堆积平原合并为同一等级的评价因子，其等级为优，赋值 1。

2. 地层岩性评价（X_2）

地层岩性评价因子对生态地质环境质量的影响表现为不同的地层岩性作为土壤母岩，对土壤物理、化学特性起着决定性的影响，从而间接地影响了生态环境质量。根据土壤成母质的划分，海南岛可分为火山岩、花岗岩、砂页岩、第四纪松散沉积物。根据土壤环境的阐述，火山岩土壤养分含量较高，其次为花岗岩土壤、较次为砂页岩土壤、最差为松散沉积物土壤。因此，火山岩因子评价等级优，赋值 1；花岗岩因子评价等级良，赋值 3；砂页岩因子评价等级中，赋值 5；松散层因子评价等级差，赋值 7。

3. 覆盖层厚度评价因子（X_3）

土层厚度决定了植被根系的发育深度，是农业耕作必须考虑的因素之一。根据土壤层的耕作深度要求及测区覆盖层厚度特征，土层厚度大于 3m，因子评价等级优，赋值 1；土层厚度 1～3m，因子评价等级良，赋值 3；土层厚度 0.5～1m，因子评价等级中，赋值 5；土层厚度小于 0.5m，因子评价等级差，赋值 7。

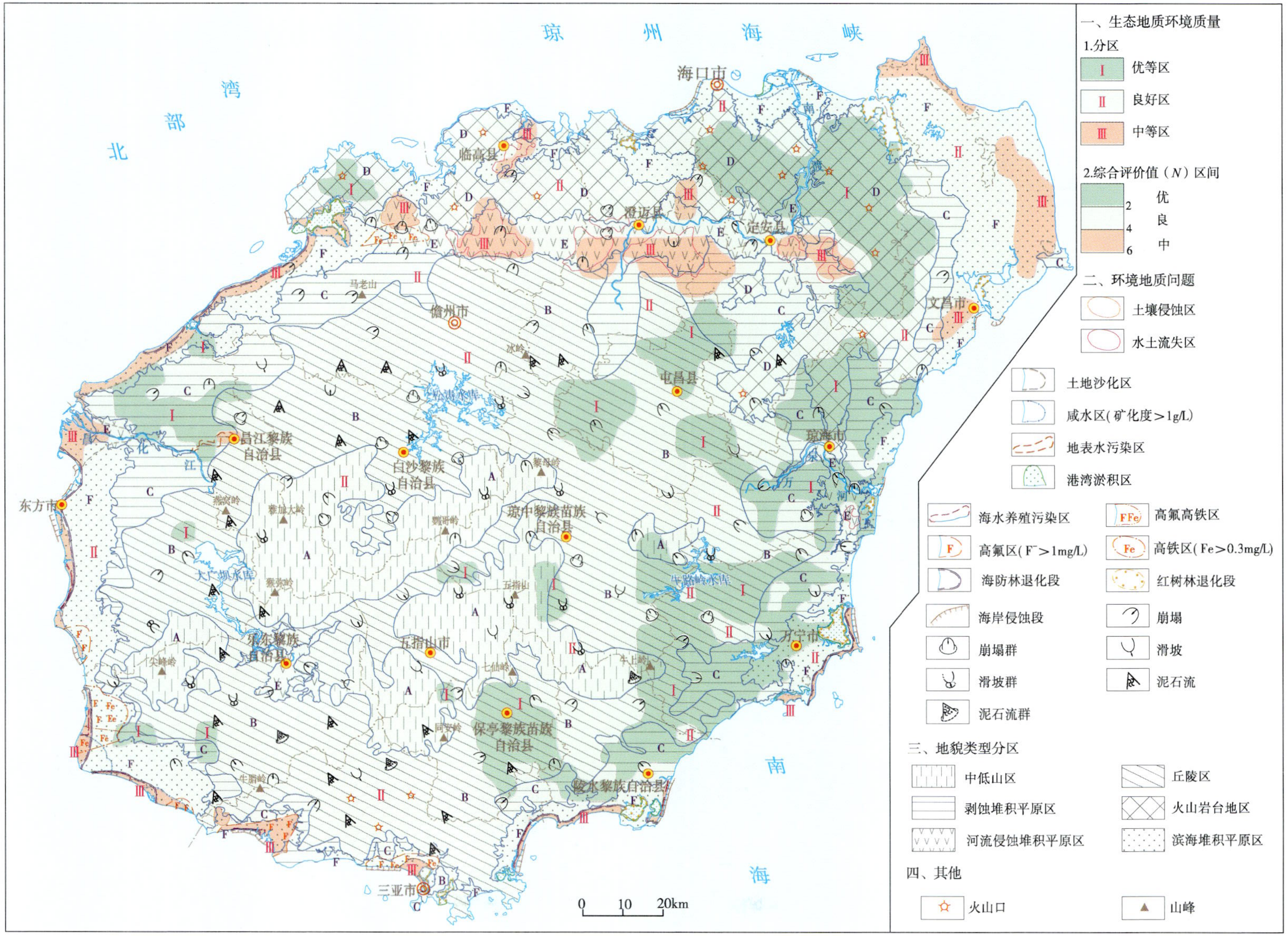

图 7-3　海南岛生态环境地质质量评价

4. 地下水位埋深评价因子（X_4）

合适的水位埋深有利于植物生长，也有利于人居。水位过浅，植物根系容易腐烂、土壤盐渍化等；水位过深，不利于植物的吸收、增加了取水成本等。水位埋深 1.5~2.5m，因子评价等级优，赋值 1；水位埋深 0.5~1.5m、2.5~5m，因子评价等级良，赋值 3；水位埋深小于 0.5 或 5~10m，因子评价等级中，赋值 5；涝地或水位埋深大于 10m，因子评价等级差，赋值 7。

（三）地下水资源评价因子（X_5）

以地下水开采潜力作为评价因子，由于测区大部分区域为农业用地，小于地下水开采程度比较低，地下水开采潜力较大，海口地下水开采潜力仍达 53.2%，琼山地下水开采潜力达 87.0%，其余市（县）地下水开采潜力均大于 90%，因此，评价因子的分级原则为良中取优，开采潜力大于 80%的区域，均为优；开采潜力小于 80%的区域，即海口，评价等级为良；不设中、差等级。

（四）环境地质问题（地质灾害，X_6）

海南岛内主要有滑坡、崩塌、泥石流等地质灾害，以及土壤侵蚀、土地沙化、矿山环境问题、水质污染（地下水高氟区、海水养殖污染、海水入侵）、土壤污染（重金属污染）等环境地质问题，虽然存在问题的分布面积较小，但对人类生存的负面影响较严重，根据灾害点密度、灾害面积及环境地质问题的分布面积，对每个评价单元进行质量评价。根据综合分析研究，确定无环境地质问题的地质单元等级为优，赋值 1；问题或灾害点少于 2 个，或相应面积小于 2.5km，评价单元等级为良，赋值 3；问题或灾害点 2~4 个，或相应面积 2.5~5km^2，评价单元等级为中，赋值 5；问题或灾害点多于 4 个，或相应面积大于等于 5km^2，评价单元等级为差，赋值 7。

（五）土地资源（X_7）

根据不同土壤养分含量的高低对生物生长的影响程度综合研究结果，选用土壤养分作为土地资源的评价因子，养分包括有机质、全氮、全磷、全钾、速效磷、速效钾 6 项指标，土壤养分的差别主要体现在不同的土壤类型上。依据土壤环境的评价结果，不同土壤养分含量的高低如下：黄壤>火山灰土>赤红壤>石灰土>水稻土>砖红壤>滨海盐土>紫色土>石质土>燥红壤>新积土>滨海砂土。由于石质土、滨海盐土不适宜于耕作，因此，土壤质量排列在后。鉴于海南岛土壤养分含量普遍不高，选择养分相对较高的黄壤、火山灰土、赤红壤、石灰土、水稻土、砖红壤，评价等级良，赋值 3；养分含量较低的紫色土、燥红壤、新积土、滨海砂土，评价等级中，赋值 5；不适宜耕作的石质土、滨海盐土，评价等级差，赋值 7。

（六）人类活动（X_8）

以人口密度作为评价因子，海南岛人口密度还处于相对较低水平，人口对环境的压力较小，根据实际人口分布，采用优、良、中三级标准，不设差级。根据人口密度小于等于 500 人/km^2，评价因子等级优，赋值 1；人口密度 500~1000 人/km^2，评价因子等级良，赋值 3；人口密度大于 1000 人/km^2，评价因子等级中，赋值 5。

（七）植被条件（X_9）

以森林覆盖率作为评价因子，海南岛森林覆盖率［以市（县）行政区为单位］在 27%~65%之间。覆盖率小于等于 30%，等级划分为差，赋值 7；覆盖率 30%~40%，等级划分为中，赋值 5；覆盖率 40%~50%，等级划分为良，赋值 3；覆盖率大于 50% ，等级划分为优，赋值 1。

据上述分析，各评价因子赋值标准见表 7-2。

表 7-2　评价因子赋值标准

因子		优	良	中	差
		1	3	5	7
气候条件	降雨量/mm	≥1600	≥1200 或<1600	<1200	
区域地质条件	地形地貌（X_1）	河流冲积平原、滨海堆积平原	火山台地、山前剥蚀平原	丘陵	中低山
区域地质条件	地层岩性（X_2）	火山岩	花岗岩	砂页岩	松散层
区域地质条件	覆盖层厚度（X_3）/m	>3	≥1 或<3	≥0.5 或<1	≤0.5
区域地质条件	地下水位埋深（X_4）/m	$1.5<X_4\leq2.5$	$0.50<X_4\leq1.5$ 或 $2.5<X_4\leq5.0$	$X_4\leq0.5$ 或 $5<X_4\leq10$	涝池或 $X_4>10$
地下水资源	地下水开采潜力（X_5）/%	≥80	<80		
环境地质问题	环境地质问题（地质灾害）密度（X_6）	无	$X_6\leq2$ 个点，或 $X_6\leq2.5\text{km}^2$	$2<X_6\leq4$ 个点，或 $2.5<X_6\leq5\text{km}^2$	$X_6>4$ 个点，或 $X_6>5\text{km}^2$
土地资源	养分元素含量（X_7）		高养分土壤	低养分土壤	不宜耕作土壤
人类活动	人口密度（X_8）/(人·km^{-2})	$X_8\leq500$	$500<X_8\leq1000$	$X_8>1000$	
植被条件	森林覆盖率（X_9）/%	$X_9>50$	$40<X_9\leq50$	$30<X_9\leq40$	$X_9\leq30$

四、评价单元评价因子赋值和计算

（一）评价单元评价因子仅有一个评价值

评价单元的评价因子仅有一个评价值，直接按评价因子赋值标准赋值，其代表点在评价单元的中心点。

（二）评价单元评价因子存在多个评价值

按评价因子赋值标准赋值后，对面积进行加权平均，数学表达式如下：

$$X=\sum_{i=1}^{n}X_iA_i/\sum_{i=1}^{n}A_i\qquad\sum_{i=1}^{n}A_i=25$$

式中：X 为评价单元评价因子评价值；X_i 为评价因子赋值；A_i 为不同评价值因子所占的面积；n 为评价单元内不同值因子数量。

五、权重的确定

权重可表示各环境因子在子系统中以及各子系统在整个评价系统的相对重要性。

权重的确定采用了重要性打分法。确定评价子系统、评价因子后，让项目组成员及多名专家给各子系统、评价因子的重要性打分，确定其权重。

实地验证生态地质环境质量评价结果，是否与实际生态地质环境质量现状相符，根据实地验证的结果，重新修正权重，使评价和评价因子子系统的权重值趋于合理，评价结果符合实际情况。

环境地质问题（地质灾害）是生态地质环境质量的破坏因素，它对质量的负面影响是极其明显的，是生态质量恶化的主要因素，因此给它较大的权重值。

各子系统、评价因子权重值见表 7-3。

表 7-3　子系统和评价因子权重

子系统	气候条件	区域地质条件				环境地质问题	土地资源			地下水资源	植被条件	人类活动强度
权重（W_s）	0.1	0.15				0.35	0.15			0.1	0.1	0.05
评价因子	降水量	地形地貌	地层岩性	覆盖层厚度	地下水埋深	问题点密度	养分	有益元素	有害元素	开采潜力	森林覆盖率	人口密度
权重（X_i）	1	0.3	0.3	0.2	0.2	1	0.4	0.4	0.2	1	1	1

六、生态地质环境质量评价数学模型

生态地质环境质量评价采用权重加权平均法，其数学模型为：

$$B = \sum_{s=1}^{n} W_s \cdot X_i / \sum_{s=1}^{n} W_s \qquad \sum_{s=1}^{n} W_s = 1.0$$

式中：B 为第 i 个网格（单元）生态地质环境质量评价值；W_s 为评价单元内子系统的权重；X_i 为第 i 个网格子系统的评价值；n 为子系统数量。

在不影响计算精度的前提下，为了计算和取值的方便，在海南岛 1∶25 万图幅上，按坐标网划分评价单元，共划分 1508 个评价单元，每个单元面积为 25km^2，对各评价单元进行编号，其编号为 1～1508，以网格中心坐标代表该评价单元。经过数学模型计算后，分别求出 1～1508 号评价单元的生态地质环境质量评价值。根据各个评价单元的评价值，分别按 1、3、5 等值线圈划出生态地质环境质量优等区、良好区、中等区和差区。

根据评价因子的等级划分标准及赋值原则，相对地给质量评价值划分等级区间：

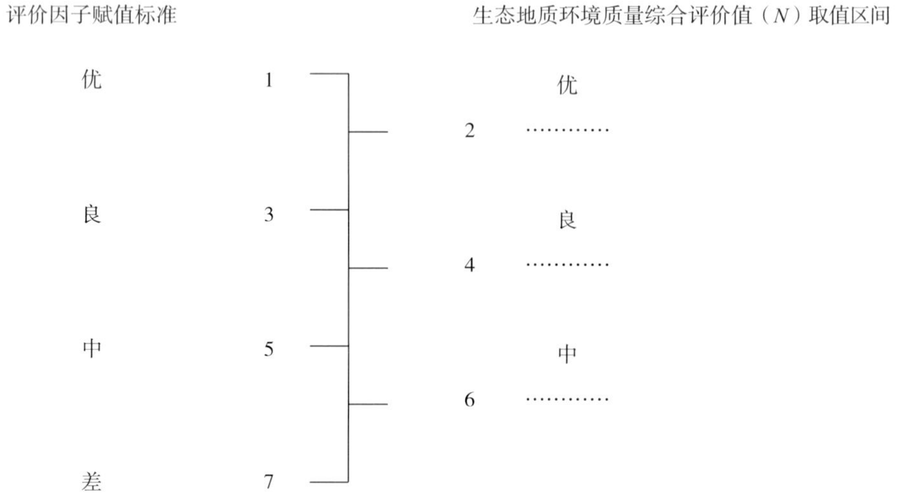

按生态地质环境质量分级界线，根据综合评价值（N），将研究区生态地质环境质量划分为 5 个等级分区，$1<N\leq 2$，评价质量属优；$2<N\leq 4$，评价质量属良好；$4<N\leq 6$，评价质量属中等；$6<N\leq 7$，评价质量属差。

第三节 评价结果及评述

全区1508个评价单元，综合评价值在1~6之间，缺少>6的综合评价值，因此，海南岛缺少生态地质环境质量差区，只有优、良、中3级分区，即生态地质环境质量优等区、良好区、中等区。

生态地质环境质量优等区，主要分布于海口的遵潭、红旗、三门坡、大坡等火山岩台地区及河流侵蚀堆积平原，琼海的排岭、加积、长坡及屯昌的海株岭、茶岭、白石岭、博鳌等丘陵、剥蚀堆积平原区、滨海堆积平原，屯昌的四英岭、十前岭、中坤农场等中低山、丘陵、剥蚀堆积平原区，琼中的营根、南茂岭等丘陵区，万宁的山根、乐来、大茂、三更罗、兴隆等丘陵、剥蚀堆积平原区、滨海堆积平原，琼中的和平、南开，昌江的大坡、十月田，儋州的三都、木棠及保亭的加茂、六弓等丘陵、火山岩台地区、剥蚀堆积平原、滨海堆积平原，面积6420km^2，约占海南岛面积的18.93%。

生态地质环境质量良好区，主要集中分布于海南岛中南部中低山、丘陵、剥蚀堆积平原及海口的东营、三江、大致坡及文昌的锦山、文城、重兴等滨海堆积平原、火山岩台地区，临高的新盈、调楼、高山岭、多文、福山，澄迈的永发，定安的龙州、龙门等火山岩台地区、剥蚀堆积平原区，面积约25505km^2，约占海南岛面积的75.19%。

生态地质环境质量中等区，呈条带状分布于海南岛西南部儋州的新英湾至乐东的九所、三亚的梅山、保港、三亚湾、林旺、藤桥，陵水的英州、新村港，万宁的神州半岛至港北，文昌的铺前、五龙港、冯坡、昌洒、翁田、龙马等地的滨海平原及蚂蝗岭、加来、南宝、瑞溪、雷鸣、烟塘等地的冲洪积平原，面积1995km^2，约占海南岛陆地面积的5.88%。

根据评价结果，海南岛范围内冲洪积波状平原、滨海堆积平原、火山岩台地地势平坦开阔，降水量充分，植物生长茂盛，植被条件较好，土壤有效态（有机质、全氮、全磷、全钾、速效磷、速效钾）含量较高，适合人类居住及生产发展，属生态地质环境优等区；山地、丘陵区，土壤类型多样化，森林覆盖率大部分地区大于50%，但由于地形坡度较陡，存在崩塌、滑坡、泥石流等灾害隐患，但规模较小，对人类的居住及生存发展有一定影响，属生态地质环境质量良好区；西南部、南部、东部海岸带沙堤、沙地，文昌的铺前、五龙港、冯坡、昌洒、翁田、龙马等地的滨海堆积平原以及蚂蝗岭、加来、南宝、瑞溪、雷鸣、烟塘等地的冲洪积平原，由于存在土地沙化、水土流失（土壤侵蚀）及地下水铁、锰、氟等元素含量较高等问题，以及降水量小于蒸发量、地表干旱缺水、植被生长条件较差，属生态地质环境质量中等区。

重点城市海口、三亚、八所。海口生态地质环境质量总体为优—良级，北部沿海滨海堆积平原、南渡江出海口及市区属生态环境地质质量良好区，南渡江沿岸、火山岩台地区属生态环境地质优等区。三亚、东方八所的生态地质环境质量基本上属良好级区，其中，三亚的羊栏—三亚河出海口一带，由于存在高氟水、咸水等原生水环境问题，属生态地质环境质量中等区，面积约10km^2；东方八所海岸近岸约2km范围内，由于存在土地沙化的潜在影响及危害，属生态地质环境质量中等区，面积约12km^2。

第四节 生态地质环境预测分析

影响海南岛生态地质环境质量的因素是多方面的，限于工作内容及所研究的精度，选择了气候条件中的降水量，区域地质条件中的地貌类型、地层岩性、覆盖层厚度及地下水水位埋深，环境地质问题中的问题或灾害点密度，土地资源中的土壤养分，人类活动中的人口密度及植被条件中的森林覆盖率等作为评价因子，组成了一个评价系统，这些因子基本体现了海南岛生态地质环境质量的重要组成。评价结果表明，海南岛生态地质环境质量由优等区、良好区和中等区组成，没有差等区，评价结果客观反映了海南岛的生态地质环境质量现状。

生态地质环境系统的各个评价因子：降水量、地形地貌、地层岩性、土壤养分、地质灾害、人口密度、环境地质问题等因子是反映地质环境质量优劣程度及变化趋势的主要因素。综合研究生态地质环境质量发展趋势，可从组成生态地质环境系统的各评价因子的变化趋势进行分析。

海南岛地处热带与亚热带交界处，气候温暖湿润，雨量、日照充足，气候条件是地球长期演化而形成的，几十年甚至上百年不会发生较大的改变。根据气象统计资料，1950—1980年的降水量与1980—2000年的降水量相比较，年均降水量变化较小，对生态地质环境质量发展趋势的影响相对较小。因此，从气候条件分析，今后几十年的时间内，海南岛仍将保持温暖湿润的良好气候条件。

区域地质条件的地貌、地层岩性、土壤覆盖层厚度和地下水水位埋深是地球板块运动长期作用的结果，在相当长的时间内，它仍是稳定的。土地资源是地层岩石经物理化学、生物作用和人类耕作活动的影响而形成，其作用过程相对较长，形成现状后，需长时间经自然与人为影响才能发生改变。因此，可以认为海南岛的生态地质环境系统的基本组成部分比较稳定，质量格局不会发生较大的改变。

环境地质问题（地质灾害）、人口密度是生态地质环境质量的负面因子，因为海南目前仍处于经济发展的初期阶段，人口密度与全国其他经济较发达的省份相比，仍处于较低的水平，因此，人类工程活动对生态地质环境的负面影响程度较轻。环境地质问题（地质灾害）主要是土地沙化、土壤侵蚀、崩塌、滑坡、泥石流、水质污染（高氟区、海水养殖污染、海水入侵）、土壤重金属污染，这些灾害分布面积虽然小，但对生态地质环境质量的影响却是严重的，海南岛存在生态地质环境质量中等区，是由于存在环境地质问题及地质灾害。

研究结果表明，高氟水、高铁水、原生水环境等现处于相对稳定状态，不会明显减少或显著增加，其变化趋势比较稳定。崩塌、滑坡、泥石流、土壤侵蚀、土地沙化、海岸侵蚀、港湾淤积、地下水污染等环境地质问题及地质灾害严重影响海南岛生态地质环境质量的状况仍处于增加过程中。遥感及地面调查表明，近10年来土地沙化由点、线扩展到面并最终连接，然后形成大片沙化土地并向内陆推移，2001年土地沙化面积为1064km^2，比1991年增加了81.2km^2，根据该发展速度测算，滨海平原区到2030年有可能将被沙化吞噬；蚂蝗岭的土壤侵蚀1996年与1993年相比，年均增加6.05km^2，1992年与1970年相比，年均增加0.18km^2，说明蚂蝗岭土壤侵蚀呈快速增加过程，对生态地质环境影响较大，其发展趋势将会导致生态地质环境质量有所下降。砂质海岸地段，近年来由于开挖高位养殖池，对海岸沙堤、海防林破坏较大，琼海博鳌—潭门、三亚湾、宁远河出海口等地段海岸侵蚀较为严重，昌化江出海口、万宁小海、陵水新村港、儋州新英湾、文昌清澜港等港湾淤积较为严重，随着淤积程度的增加，对港湾生态地质环境的影响将会随之增加，其发展趋势将会导致生态地质环境质量有所下降。山地丘陵区，由于修建水库、公路、开垦坡地等人类工程活动有所增加，局部地段形成了一些高陡边坡和不稳定斜坡，受降雨冲刷，易形成崩塌、滑坡、泥石流等地质灾害，对区内生态环境的影响及危害较大，随着区内地质灾害发育强度的增加，将导致生态地质环境质量随之下降。此外，海岸带与丘陵过渡地带出现了林地退化的现象，2001年与1991年相比，退化面积117.8km^2。人口密度目前虽然较低，但与全国其他省份相比，海南岛的人口增长率较高，2001年达到了9.47%，且多年处于较高的增长中，环境的人口压力持续增加，人类工程活动加剧，必然会造成海岸带及剥蚀台地区土壤侵蚀、土地沙化、林地退化的进一步发展，造成生态地质环境质量的下降。

综合上述分析，海南岛生态地质环境质量优、良格局仍基本得到保持，但海岸带近岸地带及剥蚀台地区由于受土壤侵蚀、土地沙化及林地退化持续发展的影响，其生态地质环境质量会变差，如果不采取及时有效的防治措施，生态地质环境质量中等区范围将会扩大，局部会产生地质环境质量差等区。

第五节　生态地质环境恢复治理与保护建议

1999年2月，海南省第二届人民代表大会从实施可持续发展战略、发挥海南环境优势、打造海南特色、加快和实现全省经济社会协调发展的大局出发，作出了建设生态省的决定。2005年5月27日海南省第三届人民代表大会常务委员会第十七次会议通过《海南生态省建设规划纲要》。该“规划纲要”的主要内容：一是加快发展生态经济，推行节约、环保、高效的经济增长方式，实现经济更快地协调发展，为全面实现小康社会和现代化建设目标奠定坚实的物质基础；二是开展环境保护和生态建设，在发展中注重解决好资源和生态环境问题，打造生态环境优势；三是创建具有海南特色的优美人居环境，提高人民群众的生活水平，创造一流的生活与工作环境，提供一流的生活质量；四是推进生态文化建设，在全社会营造爱护环境、保护环境、建设环境的良好风气，为经济持续、快速、健康、协调发展提供精神动力和智力支持。建设生态省的目标是，把海南建设成为具有良好热带生态系统、发达的生态经济体系、人类与自然和谐共处的生态文化氛围、一流生活环境和生活质量的符合可持续发展要求的省份。

海南岛内国土资源（如固体矿产资源、水资源、土地资源、旅游地质资源等）均得到了不同程度的开发利用。资源的开发利用，为社会经济的发展、人居环境的改善作出了积极的、巨大的贡献，同时也造成了局部地区生态地质环境的恶化，如矿山开发造成的土地沙化、水系污染、土壤重金属污染等，土地利用不当造成的土壤侵蚀，旅游地质过度开发造成的自然景观的破坏，海水养殖业造成的水质污染等许多环境地质问题。据生态地质环境质量评价结果，海南岛生态地质环境质量总体较好，但局部地区也存在不少影响生态环境的因素。环境地质问题（地质灾害）已成为影响生态地质环境质量的主要因素，因此，重视和保护生态地质环境条件，是生态省建设的必备条件，也是开展生态地质环境研究的主要目的和任务。

国内外研究结果表明，生态环境的保护有待于政策、法律、法规的建设与完善，有待于政府决策，管理部门的科学规划、严格执法，其次是加强群众生态环境保护的意识及采取专业的防治措施。根据海南岛地质环境状况及存在的环境地质问题，提出如下生态地质环境保护建议：

1）政府应重视与加强对生态环境的管理，制订地方性的地下水资源保护或地下水水源地保护、矿山环境恢复治理、环境地质问题与地质灾害治理、地质环境保护等有关法律、法规，从法治的角度管理生态环境建设，做到有法可依、有法必依、违法必究。

2）做好生态环境建设规划，对矿业、工业、农业、海水养殖业、旅游业等行业做到合理开发利用。旅游地质资源开发规划要综合评价其开发价值和条件，评价旅游地质资源的功能、质量、生态系统以及景点的地域组合和环境容量，使有限的旅游地质资源在良好的生态系统中发挥最大限度的效益；矿山开采必须做到采矿与环境保护协调发展，做好矿业发展与环境恢复治理的整体规划；土地的耕作必须采取必要的水土保持措施，禁止在大于25°坡度的山地丘陵区开垦山坡，做好水源林与生态林的保护工作。

3）实施生态恢复治理着重治理土壤侵蚀（亦称水土流失）和土地荒漠化。重点治理昌化江出海口荒漠化区域，治理儋州、澄迈、文昌等土壤侵蚀较严重的区域，采用工程措施修建拦水坝淤土填沟，采用生物措施营造水土保持林，种植牧草。采用合理的种植方式，防止土壤侵蚀。改造较陡的坡耕地，25°以下垦殖的山坡地要按等高线修筑梯田，采用林间间种的方式，并配套水土保持措施，防止水土流失。

加强矿区复垦，重点对沿海锆钛砂矿、石英砂矿、石碌铁矿、石灰岩矿等采矿区进行生态恢复治理。依法强制推广滨海锆钛砂矿生态化开发模式，避免采矿区生态环境退化。

4）对环境地质问题趋于恶化的地区应采取相应的防治措施，具体如下：

a. 儋州蚂蝗岭、三亚梅山等地，土壤侵蚀灾害较严重，目前已采用生物措施与工程措施，治理土壤侵蚀灾害。在土壤侵蚀区范围内开展植树种草，封山育林等工作。调查中发现部分拦水土坝工程设施已遭破坏，冲沟有上溯发展的趋势，因此，应加强治理设施的维护，提高土坝拦蓄泥沙的功能，阻止沟蚀的发展。加强土地利用的规划，保持合理的植被覆盖率；采用科学的耕作方式，如梯田耕作等，避免新的土壤侵蚀的发生。

b. 在东部万宁、陵水、琼海、文昌等市（县）海岸沙堤、沙地锆钛砂矿开采区，应加快复垦工程的进度，做到开采与复垦结合，在沙化区植树种草，治理沙化，恢复海岸带绿色生态功能。

c. 科学规划海水养殖业的布局，加强海水养殖业的环境影响评价工作，阻止以破坏海岸防护林和污染地表水、地下水为代价的养殖业的发展，在防护林断链区段，应迅速植树修补。加强实施海水养殖池防渗漏保护措施，避免海水渗漏对地下水的污染，同时加强海水养殖业的水质污染监测。

d. 在原生地下水咸水和高氟水、高铁水区，应采取有效的处理措施，在饮用地下水之前，开展除氟、除铁处理，以保证人民身体健康。对存在咸水分布的沿海地区，派技术人员指导当地居民，科学合理开采沙堤、沙地浅层淡水，以基本解决当地饮用水问题。

在地下水氟、铁含量较高的地区，应进行地下水源地的勘查、评价工作，寻找优质水源，并进行饮用水改水工作（如安装降氟、铁装置），以解决当地村民的饮水困难。

e. 在发生海水入侵的新英湾地区，采取减少地下水开采井、减少地下水开采量的措施控制地下水的漏斗分布区域，从而控制海水入侵的扩大。在海水入侵的新英港地区，应设地下水监测网，对海水入侵动态进行监测。在具备海水入侵地质条件的地区应合理利用地下水资源，防止海水入侵。

f. 昌化江处于石碌铁矿和昌化铅锌矿的下游流域，部分河段受到重金属污染。重金属污染较难治理，要对矿山环境的治理进行专门的研究，制订合理的治理方案，采取有效措施对已形成的污染进行治理，并防止新污染区的进一步发展及扩大。防治的重点在于防止矿山废水、废渣及尾矿的随意排放；对尾矿采取工程与生物治理相结合的防治措施，进行生态恢复治理。

g. 中南部中低山、丘陵区为崩塌、滑坡、泥石流等突发性地质灾害易发区，山区公路建设工程、水利建设工程削填土方较大，形成的高陡人工不稳定斜坡，在雨水冲刷作用下，易发生崩塌、滑坡、泥石流等灾害。中低山、丘陵区工程建设过程中，应做好不稳定斜坡和崩塌、滑坡、泥石流的治理工作。

h. 随着种植业的发展，开垦山坡种植果树的面积逐年扩大，造成部分25°以上的山坡光秃秃，雨水直接对地表形成冲刷，引发水土流失、山体崩塌、滑坡、泥石流等灾害，导致生态地质环境质量的下降。地方政府在发展种植业的同时，应做好中低山、丘陵区的封山育林及水土保持工作。

i. 随着沿海海水养殖业的发展和港口、旅游度假区的工程建设，海岸沙堤、海防林、浅海珊瑚礁等遭到破坏，引发海岸侵蚀作用的加剧，毁坏海岸公路、建筑物、防浪堤等设施。今后，在海岸带进行工程建设及开挖高位养殖池时，因主意保护好海岸沙堤及海防林。

j. 建立环境地质问题与地质灾害监测预警预报系统，及时、有效地监测海岸侵蚀、海水入侵、土地沙化、土壤侵蚀、崩塌、滑坡、泥石流等，预防、减少环境地质问题与地质灾害的危害。

k. 加强生态地质环境保护宣传力度，提高政府部门、企业和民众的生态地质环境保护意识，普及全民生态地质环境保护知识，使生态地质环境保护成为全社会的自觉行动。加强群测群防预警系统建设，全面提高生态地质环境保护水平。

l. 进一步健全完善生态地质环境保护管理体系，制定完善的生态地质环境保护技术标准，建立由省级和市（县）级法规组成的法规体系和省级标准、市（县）级标准组成的标准体系，实现生态地质环境保护的法规化和规范化。

加强执法检查和行政监察，加大执法力度。对在生态地质环境保护中作出贡献的单位和个人给予奖励；对违反有关法律法规，破坏生态地质环境造成地质环境恶化和重大损失的，依法追究有关责任。

m. 把生态省建设与生态地质环境保护有机结合，促进地方经济的良性发展。将生态地质环境保护工作纳入当地政府的日常工作内容，将生态地质环境恢复治理经费纳入当地年度预算中，每年拿出一定的经费用于生态地质环境恢复治理，使生态地质环境保护工作进入制度化和法制化。

n. 海南岛西南部地区降水量较小，蒸发量较大，地表水资源相对贫乏，生态环境质量相对较差。而西南部地下水开采程度总体较低，开采潜力巨大。为了较好改善海南岛西南部生态环境状况，应充分发挥地下水资源优势，合理开发利用地下水资源。

参 考 文 献

蔡祖煌，马凤山．1996．海水入侵的基本理论及其在入侵发展预测中的应用．中国地质灾害与防治学报，7（3）：1-9．

陈安河，马魁红，等．2002．海南省地下水资源评价．海口市：海南省地质环境监测总站．

陈怀满．1996．土壤-植物系统中的重金属污染．北京：科学出版社．1-7．

陈梦雄，马凤山．2002．中国地下水资源与环境．北京：地震出版社．

丁式江，廖香俊，冯亚生，徐忠胜，等．2007．海南省东北部生态地质环境．北京：地质出版社．

窦贻俭，李春华．1998．环境科学原理．南京：南京大学出版社．97．

杜恒俭，陈华惠，曹伯勋．1981．地貌学和第四纪地质学．北京：地质出版社．16-31．

段永侯，等．1993．中国地质灾害．北京：中国建筑工业出版社．

段永候，曲唤林，等．1998．中国地质灾害与生态地质环境．人类生存的地质环境．北京：地质出版社．13-17．

冯希杰，刘玉海，等．1986．区域稳定性评价定量化与模糊评判．西安地质学院学报，8（4）：89-94．

冯亚生，吴乾全，著．1991．海南省洋浦地区海水入侵灾害调查．海口市：海南水文地质工程地质勘查院．

高拯民．1986．土壤-植物系统污染生态研究．北京：中国科学技术出版社．1-13．

谷德振．1979．岩体工程地质力学基础．北京：科学出版社．

郭占荣，黄奕普．2003．海水入侵问题研究综述．水文，23（3）：10-15．

哈承佑，王瑞久．1996．地下水中蕴藏的海平面变化信息．地学前缘，3（1-2）：177-181．

哈承佑．2002．环境地质学发展与挑战．地质通报，（2）：118-122．

海南省地质调查院．北京中科长城空间技术有限公司．2002．海南岛西南部生态环境遥感调查报告．海口市：海南省地质矿产勘查开发局．

海南省地质矿产勘查开发局．1994．海南省岩石地层．北京：地质出版社．

海南省农业厅土肥站．1993．海南土壤．海口市：三环出版社，海南出版社．

海南省统计局．2005．海南统计年鉴（2004）．北京：中国统计出版社．

韩西军．1996．粉砂质海岸泥砂淤积研究．水道港口，（3）：22-28．

何起祥．2002．我国海岸带面临的挑战与综合治理．海洋地质动态，（18）4：1-5．

胡海涛，刘传正．1993．区域稳定性研究的后顾及前瞻．工程地质学报，1（创刊号）：7-13．

黄巧华，吴小根．1997．海南岛的海岸侵蚀．海洋科学，（6）：50-52．

黄香定，陈哲培，等．海南省数字地质图修编说明书（1：500000，1998 年数字版）．1998．海口市：海南省地质矿产勘查开发局．

黄香定，等．1999．海南省地质矿产志．海口市：海南省地质矿产勘查开发局．

季子修．1996．中国海岸侵蚀特点及侵蚀加剧原因分析．自然灾害学报，5（2）：65．

贾建业，汤艳杰．2003．土壤污染的发生因素与治理方法．热带地理，23（2）：115-122．

姜月华，哈承佑，卢耀东，丁式江，等．2010．东南沿海及重要经济区环境地质．北京：地质出版社．

李从先，范代读，邓兵，王德杰．2002．构造运动与中国沿岸平原的地质灾害．自然灾害学报，11（1）：28-33．

李福，等．1981．海南岛 1：20 万区域水文地质调查报告．海口市：广东省地矿局海南地质大队．

李光天．1988．海岸带开发致成的海岸侵蚀及对策．灾害学，3（2）：33-35．

李国敏，陈崇希，沈照理，等．1995．涠洲岛海水入侵模拟．水文地质工程地质，（5）：1-5．

李国敏，陈崇希．1996．海水入侵研究现状与展望．地学前缘，3（1，2）：161-168．

李兴唐，等．1987．区域地壳稳定性研究理论与方法．北京：地质出版社．

梁名胜，张吉林．1991．中国海陆第四纪对比研究．北京：科学出版社．

廖香俊，丁式江，吴丹，等．2004．琼东北地区土壤微量元素地球化学特征．中国农业通报（地球化学版），20：64-67．
廖香俊，丁式江，张本仁，等．2004．海南省东北地区土壤环境地球化学研究．地质与勘探，39（6）：68-70．
廖香俊，冯亚生，丁式江，等．2005．海南岛东北部地质环境评价．吉林大学学报，35（5）：646-652．
廖香俊，唐树梅，吴丹，冯亚生，夏长健．2008．海南芒果园土壤环境及其对芒果品质的影响．生态环境，17（2）：727-733．
刘杜娟．2004．中国沿海地区海水入侵现状与分析．地质灾害与环境保护，15（1）：31-36．
刘国昌．1965．中国区域工程地质学．北京：中国工业出版社．
鹿守本，艾万铸．2001．海岸带综合管理——体制和运行机制研究．北京：海洋出版社．
潘欢迎，万军伟，夏长健．2010．海口地下水含水层结构三维可视化建模模初探．安全与环境工程，6（17）：1-4．
潘懋，李铁峰．2002．灾害地质学．北京：北京大学出版社．249-253．
膨胀土选译文集编译组．1986．第五届国际膨胀土大会论文选译集（国外膨胀土研究新技术）．成都：成都科技大学出版社．
曲焕林，程莉蓉．1998．人类生存的地质环境问题．北京：地质出版社．
全国海岸带和海涂资源综合调查报告编委会．1991．中国海岸带和海涂资源综合调查报告．北京：海洋出版社．
任美锷，等．1991．风暴潮对淤泥质海岸的影响．任美锷地理论文选．上海：上海商务印书馆，274-299．
沈照理．1985．水文地质学．北京：科学出版社．
盛静芬，朱大奎．2002．海岸侵蚀和海岸线管理的初步研究．海洋通报，21（4）：50-57．
施雅风，赵希涛．1997．中国海平面变化．济南：山东科学技术出版社．
孙叶，等．1998．区域地壳稳定性定量化评价．北京：地质出版社．
王文海．1987．我国海岸侵蚀原因及其对策．海洋开发，（1）：8-12．
王颖，吴小根．1995．海平面上升与海滩侵蚀．地理学报，50（2）：118-126．
王颖，吴小根．1995．海平面上升与海滩效应．海平面变化与海岸侵蚀专辑．南京：南京大学出版社．119-128．
王洲平．2001．浙江省地质灾害现状及防治措施．灾害学，16（4）：63-66．
邬立，万军伟，潘欢迎，徐忠胜，夏长健．2009．琼北自流盆地地下水三维数值模拟研究．安全与环境工程，3（16）：12-17．
夏东兴，王文海，等．1993．中国海岸侵蚀述要．地理学报，48（5）：468-473．
萧艳娥，丘世钧．2003．海南岛邦塘海岸侵蚀机理分析与对策探讨．华南师范大学学报，（2）：124-129．
萧艳娥，丘世钧．2003．海南岛邦塘海岸侵蚀机理分析与对策探讨．华南师范大学学报（自然科学版），（2）：124-129．
谢志仁．1995．海面变化与环境变迁．贵阳：贵州科技出版社．
徐忠胜，庞义春，等．1992．海南省儋县洋浦地区供水水文地质勘察报告．海口市：海南省水文地质工程地质勘察院．
徐忠胜．2005．琼北断陷盆地海口段地下水资源与开发利用对策（摘要）．全国地下水资源与环境学术研讨会论文．石家庄：中国地质科学院水文地质环境地质研究所．
薛桂澄，等．2001．海南岛 1∶50 万环境地质调查报告（海南岛部分）．海口市：海南省地质环境监测总站．
杨子庚，林和茂．1996．中国第四纪地层与国际对比．北京：科学出版社．
易明初，王连庆，李晓，等．1996．中国区域地壳稳定性评价简述．地质力学学报，2（3）：75-76．
尹泽生，林文盘，杨小军．1991．海水入侵研究的现状与问题．地理研究，10（3）：78-85．
张裕华．1996．中国海岸侵蚀危害及其防治．灾害学，11（3）：16-18．
张倬元，等．1981．工程地质分析原理．北京：地质出版社．
张宗祜，李烈荣．2005．中国地下水资源（海南卷）．北京：中国地图出版社．
张宗裕，李烈荣．2004．中国地下水资源．北京：中国地图出版社．
周爱国，蔡鹤生．1998．地质环境质量评价理论与应用．武汉：中国地质大学出版社．
朱学愚，谢春红．1985．地下水运移模型．南京：南京大学出版社．
朱荫湄，周启星．1999．土壤污染与我国农业环境保护的现状、理论和展望．土壤通报，30（3）：132-135．

Ahmed A M, Sulaiman W N. 2001. Evaluation of Groundwater and Soil Pollution in a Landfill Area Using Electrical Resistivity Imaging Survey. Environmental Management, 28 (5): 655-663.

Aravena R, Evans M L, Cherry J. 1993. Stable isotopes of oxygen and nitrogen in source indentification of nitrate from septic systems. Ground Water, 31: 180-186.

Arjoon D, Prasher S O, Clemente R S, Gallichand J, Salehi F. 1998. Effects of water table management on groundwater contamination from the use of prometryn in organic soils. Can Water Resour J., 23 (1): 9-20.

Bohlke J K, Erikseng E, Reves Z K. 1997. Stable isotope evidence for an atmospheric origin of desert nitrated posits in northern Chile and southern Califonia, USA. Chem. Geol., 136: 135-154.

Custodio E. 1987. 咸水入侵. 国际水文地质学家协会18届大会论文集. 北京：地质出版社.

Dikou A, Takeaki T. Red soil pollution on Okinawa Island, Japan, and the evaluation of mitigation measures: a case study. CA: Phuket Marine Biological Cent., (Thailand). Proceedings of an International Workshop on the Rehabilitation of Degraded Coastal Systems, 19-24 January 1998. 20: 126-127. Special publication. Phuket Marine Biological Center. Phuket, 1999.

Flynn H C, Mc Mahon V, Diaz G C, Demergasso C S, Corbisier P, Meharg A A, Paton G I. 2002. Assessment of bioavailable arsenic and copper in soils and sediments from the Antofagasta region of northern Chile. Science of the Total Environment, 286 (1-3): 51-59.

Joannon G, Poss R, Korpraditskul R, Brunet D, Boonsook P. 2001. Water and soil pollution in vineyards of central Thailand. Water Science & Technology, 44 (7): 113-121.

Jung M C, Thornton I, Chon H T. 2002. Arsenic, Sb and Bi contamination of soils, plants, waters and sediments in the vicinity of the Dalsung Cu-W mine in Korea. Science of the Total Environment, 295 (1-3): 81-89.

Kendal L C, Silvas R, Chang C C Y, et al. 1996. Use of the $\delta^{18}O$ and $\delta^{15}N$ of nitrate to determine sources of nitrate in nearly spring runoff in forested catchments. Isotopes in Water Resources Management, 1: 167-176.

O'Malley V. 1999. Integrated Pollution Prevention and Control (IPPC) directive and its implications for the environment and industrial activities in Europe. Sens Actuators, Bchem, 59 (2): 78-82.

Pellerin B, Fernandez I, Norton S, Kahl J. 2002. Soil Aluminum Distribution in the Near-Stream Zone at the Bear Brook Watershed in Maine. Water, Air & Soil Pollution, 134 (1-4): 189-204.

Petukhov V N, Fomchenkov V M, Chugunov V A, Kholodenko V P. 2000. Plant biotests for soil and water contaminated with oil and oil products. Applied Biochemistry and Microbiology, 36 (6): 564-567.

Rademach J J, Young T B, Kanarek M S. 1992. Gastric cancer mortallity and nitrate levels in Wisconsinn drinking water. Archives of Environmental Health, 47: 292-294.

Simon M, Martin F, Ortiz I, Garica I, Fernandez J, Fernandez E, Dorronsoro C, Aguilar J. 2001. Soil pollution by oxidation of tailings from toxic spill of a pyrite mine. Science of the Total Environment, 279 (1-3): 63-74.

Tao S, Cui Y H, Cao J, Xu F L, Dawson R, Li BC. 2002. Determination of PAHs in wastewater irrigated agricultural soil using accelerated solvent extraction. Journal of Environmental Science and Health, Part B: Pesticides, Food Contaminants and Agricultural Wastes. B37 (2): 141-150.

Tchounwou P B, Siddig A A, Marian M L. 2000. Post-remediation monitoring for soil, sediment and water contamination by lead from a controlled Superfund site in Mississippi. Astm Spec Tech Publ, 1381: 16-32.

van Straalen N M. 2002. Assessment of soil contamination - a functional perspective. Biodegradation, 13 (1): 41-52.

Wassenaar L. 1995. Evaluation of the origin and fate of nitrate in the Abbotsford aquifer using the isotopes of ^{15}N and ^{18}O in NO_3^-. Applied Geochemistry, 10: 391- 405.

Zimakowska G D, Bech J, Tobias F J. 2000. Assessment of the heavy metal pollution effects on the soil respiration in the Baix Llobregat (Catalonia, NE Spain). Environmental Monitoring and Assessment, 61, (2): 301-313.